焦虑

如何
利用焦虑
过好
这一生

突围

思小妞

著

UNITY PRESS 团结出版社

图书在版编目（CIP）数据

焦虑突围：如何利用焦虑过好这一生/思小妞著.
-- 北京：团结出版社，2018.7
　　ISBN 978-7-5126-6380-0

　　Ⅰ.①焦… Ⅱ.①思… Ⅲ.①焦虑－心理调节－通俗
读物 Ⅳ.① B842.6-49

中国版本图书馆 CIP 数据核字（2018）第 127615 号

出　版：团结出版社
　　　（北京市东城区东皇城根南街 84 号 邮编：100006）
电　话：（010）65228880 65244790
网　址：www.tjpress.com
E-mail：65244790@163.com
经　销：全国新华书店
印　刷：三河市兴达印务有限公司

开　本：880×1230　1/32
印　张：8.5
字　数：180 千字
版　次：2018 年 7 月 第 1 版
印　次：2018 年 7 月 第 1 次印刷

书　号：978-7-5126-6380-0
定　价：39.80 元

序

请把焦虑当爱人

把焦虑当爱人？开玩笑吧！

焦虑是人类的"天敌"，随便翻开一本与焦虑相关的书或文章，我们都能看到"专业人士"焦虑产生的害处，可谓举不胜举，比如：焦虑造成的"基本款"伤害是失眠，那种几周、几个月的长期失眠对生活和工作产生的破坏是难以估量的。而这还只是焦虑造成的低危伤害，更恐怖的是，焦虑会直接导致死亡率的上升。

美国一项研究表明：高焦虑的男性和女性因为患上了一种容易使人抽搐和死亡的叫心房纤维性颤动的疾病，所以死亡率比正常人高了23%。

除了对身体、生命造成的巨大伤害外，患有焦虑症的人在精神上也饱受折磨。他们通常难以表达甚至控制自己的情绪，甚至作为人的基本情绪的喜、怒、哀、惧，也出现表达紊乱难以自控的情况，这势必对人际关系带来巨大的不良影响。

　　更不幸的是，焦虑还会遗传给下一代，这种遗传并非"生物遗传"，而是焦虑症形成的认知和行为模式会在家长的教养方式上有所体现，从而影响孩子的行为习惯。比如，如果你患有焦虑症，你会情绪失控、喜怒无常、训斥责骂孩子、甚至常常对生活抱有负面想法，这些都会对孩子的一生造成毁灭性的破坏。

　　总之，焦虑几乎是百害而无一利的家伙，而爱人呢，至少他的"人设"是用来亲密相处、终身为伴的，体验起来应该是温暖的。焦虑与爱人是完全相反的两件事物，我们怎么可能把焦虑当爱人，与它保持一辈子的亲密？

　　先别急，我知道焦虑这家伙不是省油的灯，人类也想方设法要去灭掉它，不过在这之前我们不妨先换个角度看焦虑。问大家两个问题：

　　你能摆脱焦虑吗？

　　也许你看过很多克服焦虑的书、听过很多相关课程、甚至做过专业的心理咨询和治疗，可依然会焦虑对不对？学业、工作、家庭关系、未来、存款、房子……生活中的每一件事都很难让人省心。另外，说句"落井下石"的真心话，相信我，如果你才刚出校园不久、尚未结婚、没有孩子就为诸多事情而焦虑，那你的焦虑水平才刚刚起步。

焦虑就像地心引力，你看不见、摸不着，但只要你生活在地球上，就永远不可能摆脱。既然不能摆脱，那就接受吧，光接受还不够，这样显得勉强，你得真心接受、热情拥抱。这样你才能把焦虑带给你的负能量转变为正能量，从而让自己变得更好。

焦虑一定糟糕吗？

美国的最新研究发现，居安思危（焦虑的文艺说法）、适度快乐的人往往比安于现状、高度快乐的人学历更高、更富有，甚至更健康。

美国伊利诺伊大学的研究人员设计了6项调查，在一项自我评价生活满意度的调查中，受访对象涉及96个国家的近12万人。结果显示，将生活满意度评为8分或9分的人普遍比自评生活满意度为满分10分的人收入更高。

而且从焦虑的起源来看，它是人类在与环境作斗争及生存适应的过程中发展起来的情绪，对于帮助我们面对具有挑战性和危险性的活动具有积极的意义。所以，适度维持焦虑状态是有好处的。

我自己的一个切身感受是，焦虑的确能让我保持一种积极向上的状态。我的第一份工作是一家著名的外资500强企业，试用期结束时每位新入职的员工都需要参加一次转正考试，满分100分，90分才能够留任。每个人有一次重考的机会，如果第二次还不合格就要卷铺盖走人。最恐怖的是，考试项目里涉及我最头疼的数学测试。备考期间，我夜夜失眠、掉头发、情绪一直处于高度紧张的状态。当初面试可是过五关斩六将从上百人里"杀"出来的，试用期又异常辛苦，我可不想前功尽弃。

这种状态持续了近1个月，在我考完并通过后才逐渐结束，我还记得结束当晚我做了个梦，梦里有一只巨大的黑头苍蝇盯着我，一动不动，像是要吃了我，我也死死盯着它，然后它突然飞走了。当时的我非常焦虑，但事后我回忆了一下，自己确实挺喜欢那种状态的，紧张、竞争、不至于让我崩溃的压力、繁忙，没时间去想刚分手的恋情、去为乡愁感叹，只保持专注的状态去完成一件事，并把它做成。

所以，焦虑并非一无是处，当你能最大限度去Hold住焦虑时，它就能成为让你变得更好的一件利器。

其实焦虑真的挺像爱人的，尤其是那种结婚多年的老夫老妻——你和他天天相处、习惯了彼此，他的全部小缺点和小毛病你都知道。但那些缺点和毛病又不至于让你气炸到离婚（虽然拍桌子喊过无数遍），或许是你没有勇气，或许是你知道即使分开了下一个伴侣未必就有现在这个好，而且再好的人都有缺点和毛病，还得重新适应。人生哪有那么多时间耗费在不断"尝新"上啊。

　　我们不能因为另一半的一点小问题就拿婚姻当儿戏，同样，也不能因为焦虑伴随我们左右就糟蹋自己的人生。

　　那我们如何克服焦虑呢？呃，对不起，这本书不讲这个。

　　说了半天焦虑，你不告诉我方法，搞什么啊！各位请息怒，这本书虽然没有直接教你如何克服、战胜焦虑（我一直怀疑焦虑真的能被克服和战胜吗）。但它用了自己的方式帮大家"解决"焦虑：那就是找到让你产生焦虑的根源、然后把问题搞定、把事情做好（听上去很简单吧）。

　　让我们焦虑的事经常有哪些呢？我统计了一下，包括：总觉得时间不够用、对未来的迷茫、工作上的烦心事、爱情的困扰、独处时的胡思乱想、读书（或学习）时常做的无用功……在这本书里，我正是从这些"病根儿"入手去解决焦虑的。

　　比如关于爱情，我们总会为能不能有个好结局，能不能天长地久而担心。我反而觉得别去苛求亲密无间的关系，因为"没人有义务去懂你，非得按照你的剧本来编排自己的人生"。抱着这样的想法再去看待一切关系，都会清爽很多。

　　关于迷茫，我们总觉得这种状态很糟糕，好像一团浆糊困住了自己，而我的看法是，迷茫其实是一件好事，因为"迷茫"是一个警号灯，它一直闪着说明你尚未"沉沦"，想办法保持住不沉沦的姿势，生活就不会亏待你。

还有这个时代都称赞的坚持和勤奋，我们都认为它们是治疗焦虑的良药，但我认为它们很有可能是一种变相的懒惰，你只是在感动自己罢了，勤奋和坚持过后反而会让自己更焦虑。

以及，在职场方面，我们都笃信要拼实力，可如果你真的只拼实力，那就输了。

我就不剧透了，还是请移驾看正文吧。

纠正另一半的小毛病和缺点不是靠打压、威胁、隐藏、逃避，而是找到这些缺点产生的根源，然后一点一滴药到病除。焦虑也是如此，对它我们要胸怀宽大、行动精准！

思小妞

Contents
目 录

第一章

存在焦虑，学会和自己好好相处

第二章

成长焦虑，学会用"不应该"去看问题

第三章

选择焦虑，你的失败从不是轻易放弃

第四章

社交焦虑，你的人脉只需要五类人

第五章

职业焦虑，职场拼得不只是实力

第六章

爱情焦虑，没有永远爱你的人

第一章

◎

存在焦虑，
学会和自己好好相处

学会和自己好好相处

　　半夜收到 Z 发来的微信："都说大上海繁华、有趣，我怎么觉得待在这里格外孤独呢？"

　　Z 是我在美国认识的小伙伴，硕士毕业后和老公 Yen 回国在上海发展。Z 是北方人，老公 Yen 是台湾人，两个人在上海算得上是举目无亲、形单影只，除了工作，没有其他集体活动可以参加。周一到周五，两个人上班各忙各的，晚上聚到一起吃饭、睡觉、追剧、打游戏；周末，俩人几乎是 48 小时待在一起；碰到节假日如果不加班，就来个短途游。上班以后，继续各自忙碌，重复之前的生活。

　　Z 说："真怀念之前在美国做学生的日子，一吆喝就有一大帮朋友、同学出来玩，烧烤、逛街、泡吧，就连纯聊天都可以聊得很热闹。现在想要多找一个人吃火锅都很难办到，我和Yen确实过上了二人世界。"

　　我想了想，回给Z一句话："也许，长大就是逐渐学会一个人玩的过程吧。"

　　的确如此，Z的话让我想到了自己刚毕业时在不同城市瞎闯、工作的日子：在深圳独自找工作，深夜两点下班独自回家；外派到上海，独自逛热闹的城隍庙，拜托陌生人帮我拍照留念，在偌大的南翔小笼包店的10人桌子上一个人默默吃完一屉小笼包；到厦门出差半年，自己一个人逛了3次鼓浪屿，周末一个人在家无聊到背英语单词。那时的时光，无论景致多美，都带着孤独的味道。

　　学生时代的生活则完全是天壤之别。即使我不是一个爱热闹的人，不喜欢参加老乡会、学生组织、班级烧烤，但永远也不会"沦落"到一个人独处。无论是上课、吃饭、泡图书馆、旅游，都有男朋友或一二好友相伴左右。

　　青春年华，容不下一个人落寞的背影。

　　被外派到上海工作后，我才渐渐接受了"人得学会和自己好好独处"这个事实。

　　"人得学会和自己好好相处"不仅指单身时关照好自己，而是即便有爱人相伴、好友相拥、周遭不缺"人气"，也要学会一个人去独自承担一生中的大部分事情，比如解决困难、忍受悲伤、欣赏美好、品尝快乐，甚至什么都不做，只是安静地让自己发呆、无聊。

人类虽然被设置成群居物种，但骨子里终是孤独的。

在这个时代，每个人都很忙，忙着工作、赚钱、升迁、买房、投资。每个人的时间都很宝贵，没有闲暇分给他人。

网上不是经常流传"陪伴是最长情的告白""愿意给你花钱的人未必是真心爱你，但愿意花时间陪你的人一定是真的爱你"这类话吗，可见"陪伴"在这个时代有多稀缺。只是，一方面，现在的生活节奏和压力确实让人自顾不暇，我们很难有精力去"搭理"旁人，即使是亲人；另一方面，"忙"又是这个时代的标配，人人都需要用忙去证明自己的价值。所以，学着吞咽寂寞、自己玩要成为了必备技能。

离开校园后，如果毫无目的地拉一票朋友出来闲逛，到户外或咖啡馆坐一天，人人都会心疼和慌张吧，大好时光，何必这么浪费呢？还不如多考几个证书，拜访一下客户，加班赶项目进度更实在。谁让这是一个大家都争先恐后要打破自身固有阶级、拼命延长自己"上升期"的时代呢？

除了以忙为荣，你还会发现，再聊得来的朋友，聚过两次以上基本就无话可谈了，只能用各自玩手机的方式来填充沉默，同时内心默默期待，时间为什么就不能过得再快一些，好让这尴尬早点结束呢？

老乡会、同学会、旅友会之类的集体活动我是从来不参加的，因为我知道这样的活动对填充内心的孤独毫无助益，不过是虚假繁荣后迎接一次又一次更强大的孤独罢了。

我妈妈有段时间非常热衷于参加各类群体聚会，小学同学、中学同学、插队时的战友、第一份工作的同事、退休前的姐妹群……总之，那段时间她辗转于不同关系的群体聚会，忙得不亦乐乎。

突然有一天，她消停下来再也不玩了，就连同学打电话约她再聚，她也是想尽各种借口能推则推。我问老妈怎么不聚了？她说："没意思透了！"

她的心得体验是，即便是30年不见的老同学，聚过两次后就实在没必要再见了。第一次聚会的主要节目是"忆往昔"；第二次聚会的主要节目是"比今朝"。两次聚会之后，彼此的前世已经感叹完、今生也门儿清，如果还约后续，就只能车轱辘话来回说了。

哪位同学离了婚，谁得了抑郁症，谁的孙子都会打酱油了，谁的儿子特出息……这类信息总会在聚会时被来回说，也许是大家年龄都不小了，记忆力不比从前。但我想更重要的原因是大部分人的生活的确没有丰富多彩到可以分享不重样儿、有质量的内容，所以殊途同归，一切聚会只能是回忆和攀比。

用我妈妈的话来说就是——还不如自己跑会儿步锻炼身体有意义呢。

日子本来就是各过各的，老混在一起的群居生活，那是原始人过的。

况且，走出校园、工作、恋爱、结婚、生子，生活的轨迹被进化成一个个越来越小的圈子。从乌泱泱一大帮人到爱人、子女相伴，再到只有爱人相伴，最后剩自己一人度过余生，你会发现，我们的一生就是热闹过后，最终回归冷清、独自与寂寞结伴的过程。

曾经记得某位女作家说过："大家都找到另一半了。好不容易有点时间，必须二人世界睡遍天涯海角；过几年之后开始推着婴儿车出行，已经不再像过去一样可以跟朋友们漫无目的地随便在陌生街头游走。"

所以，当Z和我感叹为什么在如此繁华的大上海，有爱人陪伴依旧感到孤独时，我只能劝她或享受或忍受，而不是像很多自助（self-help）书籍里写的那样去扩展自己的圈子，寻找志趣相投的伙伴玩耍，因为无论多牢靠的"人脉""圈子"，都终将渐渐消失，独留我们在各种关系里。

如果选择接受这个现实，是否有什么办法可以让孤独变得不那么难熬，慢慢从忍受过渡到享受？

网上有句话说得很对，如果已经感觉到了孤独，就没有办法"享受"了。独处，是可以"享受"的。所以，首先我们要接受"一个人也可以很好地独处"这个理念，即使你的周围有爱人和子女陪伴，也并不意味着你不需要独处。

作家刘瑜曾在文章《一个人要像一支队伍》里说过：

"年少的时候，我觉得孤单是很酷的一件事。长大以后，我觉得孤单是很凄凉的一件事。现在，我觉得孤单不是一件事。有时候，人所需要的是真正的绝望。真正的绝望，跟痛苦、跟悲伤、跟惨痛都没有什么关系，真正的绝望让人心平气和。你意识到你不能依靠别人，任何人，得到快乐、充实、救赎。那么，你面对自己，把这种意识贯彻到一言一行当中。它还不是气馁，不是得过且过，不是'平平淡淡从从容容才是真'这样的歌词，它只是'命运的归命运，自己的归自己'这样一种实事求是的态度。"

总之，这些年来我学会的，就是适应它。适应孤独，就像适应一种残疾。

听来有些无奈、残忍，但的确只有充实自己，才能更好地摆平孤独。所以，找到一些能自己做的事情，认真去完成它们，然后享受结果，孤独自然就不被称为"孤独"。

比如，认真地为自己涂上新买的指甲油，静静地听一首歌，不将就地为自己做顿晚餐，安静地翻几页书，好好计划一下自己期待已久的旅行，不慌张地发呆，心安理得地赖床……

无论做什么，关键是专注！只有"专注"这件事可以真正避免让自己感到孤独。用心去做手头的每一件事，趋近完美，这个过程本身就是在享受独处。

"专注"其实是件很性感的事，它是一种"天地也许无我，我却不在乎"的能力。

下一次，当你感到孤独、希望有人相伴时，不妨问问自己：为什么我做每件事都要等别人来陪？等别人陪我逛街、陪我看电影、陪我吃饭、陪我旅行？我是否一直在等别人发现我，"占用"我？我自己做这些事有什么问题吗？如果能够做得很好，成就感是否会取代孤独感？

然后，埋头去做就好。

做一件适合一个人做的事

一个人的生活有多无聊，同时也能有多精彩。

经常听朋友、读者、单身的同事和我抱怨，一个人的日子超级苦闷：

想改善生活做顿饭炒三个菜，能吃三天，只做一个菜吧，还不够开火麻烦的；

出去逛街，逛着逛着就迷失了，不知道自己要干吗。看上一件衣服试穿后也没人征询意见；

去下饭馆倒是省事儿，可一个人在有点档次的地方就餐，你就很难不介意周围成双成对、阖家欢乐的氛围衬托出你愈加孤单的气场；

那就去健身吧，锻炼身体一个人总没问题吧。OK，可当你锻炼后回到家，想炫耀一下腹肌和马甲线时，也只能对着镜子孤芳自赏了。

好像一个人生活就是罪，无论多精彩，都透着荒凉。何况，大部分时候它还并不精彩。

人是群居的动物，这种造物主植入基因的天生设定，我们无力抵抗。但，如果一生中能有一段时间与自己好好相处、踏实度过，其实也是一种幸运。仔细算算，我们一生中的大部分的时间都是在与他人相处中度过的，小时候和父母，上学后和同学，工作后和同事、恋人，结婚后和伴侣、孩子。如果你运气足够好，再来个金婚、钻石婚，那么我们独自安静度日的生活其实也没有几年。一生不算短，我们却鲜有机会好好独处。

所以，每个人都应该珍惜一个人的日子，它是我们生命的福祉。

一个人生活是一种试炼，没有水平就会毁掉自己。

除非你是个工作狂，否则独身的你就得面对如何打发掉大把闲散时间这个难题。睡觉、追剧、打游戏，这些当然都可以成为选择，关键是：你是发自内心地喜欢这样的生活吗？

我单身时曾一度沦为一个"没有意义的生物"，即除了吃喝拉撒睡（包括在床上抱着ipad边看边睡），闲暇时间再无其他事可做。

日子过得很舒服，可每当黄昏来临时，看着窗外的余晖一点点消失，我就会陷入巨大的恐慌，不知道这样生活的意义是什么。

生命是一段很自欺欺人的旅程，如果你赋予它意义，它就变得有意义；如果你认为它荒芜，它就会一文不值。那段看上去舒服惬意的日子，因为无法赋予我切实的意义，曾让我沮丧到极点。

倒不是说一个人生活就一定要像比赛一样，把自己弄得斗志昂扬、一刻不得松散。我们当然可以松松垮垮地过日子，但一直松垮下去，没有一些笃定的、切实的事物让我们去操作，人也难免颓废掉。就像电影里那些大隐隐于山水的世外高人，别看他们悠哉游哉孑然一身几十年，可人家不是忙着练武就是忙着修身养性，自律得一丝不苟。

所以，一个人的生活可以松散，但不能松垮。长期陷入后者，会让你毁掉自己。

能否把独身生活过得有趣，可以证明一个人的各种能力。

我的朋友S和谈了三年即将结婚的男友分手后，虽然伤心欲绝，但并没有让自己沉沦，而是努力把单身生活过得比两个人还精彩。

她一个人煮饭，会用精致的樱花色餐具装汤、盛饭，让吃饭这件平淡无奇的事变得赏心悦目；

她一个做家务，会一边扫地，一边把所有的鞋子拿出来试穿一遍，想看看哪一双和扫帚最搭配；

她一个人过周末，会去靠近海边的法国餐厅临窗而坐，一个人品味烛光晚餐；

她一个人健身，会在更衣室里晒出自己的小蛮腰，发到朋友圈向大家要"赞"。

总之，在S的世界里你能感受到，一个人的生活其实可以过得非常活色生香。

能把一个人的生活过得很好的人，至少说明他是一个勤奋的人。有创意、有趣味的生活需要花心思、动脑筋，并且要身体力行，身体跟得上想法。如果只是"想"做什么，却也只停留在"想"的阶段，那诗意的生活永远只是别人家、书本里的生活。

另外，能把一个人的生活过得很好的人，也可以说明他是一个有大爱的人。对生活、未来和自己无大爱的人，会过于放纵自己，让自己的生活陷入混乱、繁杂。每一个因为熬夜而起不来床的清晨，每一份因懒得下厨而凑合的外卖，每一张对着镜子显示出的疲倦的脸，都是自己对自己的辜负。

更何况，当下社会流行的"有趣论"根本不必多方检验，只要能把一个人的日子过得很好，他一定是个有趣的人。就像S，那些精致的餐具、有情调的餐厅，一个无趣的人是根本看不到、也不会花心思去琢磨的。

所以，当你单身的时候，不要把这段时光当成苦闷、无聊，甚至带着点失败味道的经历。相反，它应该是一个让自己变得更有趣、更能打磨自身和了解自己的机会。

有些事情虽然两个人、一群人也能做，但如果有机会一个人去完成，将会别具一格，让你终生难忘。

• 独自去高档餐厅吃顿饭。

虽然网上说最孤独的事之一莫过于一个人吃火锅，但一个人吃饭，尤其是去高级或知名餐厅就餐，会让你更能领略食物的美好。

我们总喜欢和三五好友、家人或者另一半去餐厅就餐，排队等候、用餐时的闲谈、和喜欢的人分享美食，都能成为美好的回忆。老话说：一个人吃饭不香，人多时吃什么都特别香。所以，我们更喜欢以群聚的形式享受美食。

这没什么不好，但也的确会影响你对食物的品尝。多人聚餐的意义其实不在于食物，而在于感情的维系，这就使得美食打了折扣。一个人去高级餐厅吃饭，可以让你免于当下的交谈、推让，把精力只放在食物上。能够一心一意去做一件事，哪怕只是吃饭，也是美好的。

• *彻底做一次家务。*

一个人做家务辛苦会加倍，但之后的满足感也会加倍。

塞满衣服的衣柜、杂乱的写字台、落了灰的餐桌、不够白的马桶、有头发的地板……都值得我们用心清扫。虽然现代大城市的人已经逐渐适应并习惯找钟点工来清洁家务，不仅省了时间去做更多有意义的事，而且"专业人员"似乎也比自己清洁得更干净。

除非你确实无暇做家务，需要找他人代劳，否则强烈建议自己打扫房间。这与花费和打扫效果都无关，重要的是，已有研究证明，自己做家务的确能提升快乐指数。不仅如此，我们经常抱怨没时间锻炼身体，但半小时的大扫除或者擦窗户就可以燃烧160卡热量，可谓一举两得。

生活本就是由一点一滴的细节构成的，当你在完成家务后洗个热水澡，换上干净舒适的居家服，坐在窗明几净的房间里，来杯咖啡、听听音乐、看看书，或者什么都不干，只是在一个更干净的环境里发呆，想必质量都会更高吧。

• *无论下厨与否，一定要把冰箱塞满。*

我们可能都在电影中看过这样的场景：一个运气很差或者一天都过得很不好的人，拖着疲惫的身躯回到家，打开冰箱后，发现里面几乎空空如也，仅剩的食物还过期了。这个时候主人公多半会一声叹息，关上冰箱门，绝望加重一层。

美好的生活需要一个干净、充实的冰箱，有时候它可以起到望梅止渴的效果。

对于吃货来说，打开冰箱看到排列整齐得当、盈盈满满的食物，好心情就会剧增。即便你不下厨，也对食物没有太多讲究，在劳累一天后打开冰箱，看到里面有你爱喝的饮料、爱吃的水果、新鲜的蔬菜，也许你会情不自禁想要下厨给自己做顿好的，而自己动手制作的食物又能使我们成就满满，不由自主地爱上当下的生活。

所以，一周一定要去超市大采购一次，购买自己喜爱的食品，它们能让你在劳累得快要对生活绝望时，在打开冰箱的一刹那再次能量满满。

• 必须来一次毫无计划、说走就走的旅行。

独自旅行不是为了迎合"来一场说走就走的旅行"这个文艺的举动，而是一次很好的内省自我的机会。你甚至不必去那些旅游热点看名胜古迹，跟风欧洲游，只是离开你熟悉的环境，去一个陌生的，一直想去未去的，或者去过多次还是很想再回去看看的地方，就足够让你放松自己、审读自己。

杭州一直是我非常喜欢的一座城市，我在上海居住，去杭州非常便捷，所以我几乎每年都会去一次，看春夏秋冬不同的景色。第一次去杭州，就是我睡午觉起来，突发奇想，于是我买了时间最近的一趟高铁，没有旅行攻略和计划，甚至都不知道晚上要住哪里，就这么一个人带着钱包去了杭州。

这座城市果然没让我失望。无论是一个人骑车"周游"西湖，还是在中国美院欣赏未来艺术家们的作品，在杭州饭店吃好吃还不贵的特色菜，住颇有特色的江南民宅，都让我的精神得到了巨大满足。

看着西湖边上晨练的人，学生们作画时认真的脸，经营民宅的有故事的老板娘，都能让我暂搁当下的烦恼，去想自己追求的生活和人生，为自己现在努力过好的生活找到意义。

独自旅行是一次有益的精神之旅，让你兴奋，更让你清醒。

无论是一个人的生活还是两个人的日子，过得好是追求，也是一种信仰。它让你相信，自己值得被善待。

享受单身时光

这个世界一定是疯了，才会把单身者们当成"弱势群体"来看待。

自己吃饭，可怜！

自己旅游，可怜！

自己看电影，可怜！

那我啥都不干，老实待在家里总行了吧？不行，你是有多孤独，才会可怜兮兮一个人待在家里！

其实，按一个人活到80岁来计算，我们大部分的人生时光都是非单身的。你的人生有1/2甚至2/3的时间都要和另一人一起度过，这么看来，好好珍惜当下单身的日子才是王道。这是一个人人都惧怕孤单、拼命脱单的时代，可两个人的世界或三口之家就一定像童话故事那样美好吗？很少。相反，一地鸡毛的却更多。

作为一名资深已婚人士，虽然我热爱现在有人陪伴的日子，忆往昔时，我也会深深怀念那段宝贵的单身时光。能够遇到情投意合的人在一起当然动人，但千万不要为了结婚而结婚，因为你要知道，当你脱单后，面临的将是下面这些"状况"：

• 无自由。

虽说世上没有绝对的自由，但请相信我，脱单后是绝对的不自由。这种不自由未必会让你觉得辛苦，但即便你心甘情愿地把时间和精力花费在另一人身上，你对自己的关注也会相对少一些。

比如，单身的时候，想吃泡面就吃了，想吃顿好的，那就再加包榨菜，来根火腿肠打发了，反正肚子是自己的，好赖都自己受着。但脱单后就不同了，你再想吃泡面，只要另一半说不想吃，你就得想法子换别的，无论是下厨，还是叫外卖，俩人过日子总得一起吃饭，吃得满意才能有热气腾腾的感觉。所以，你的泡面生涯就这样被拦腰斩断了。

再比如，单身的时候过"双十一"（11月11日的购物狂欢），包包、口红、衣服、零食，你只要想着给自己买买买就好了，但有了另一半，你就不可能只顾自己。这个钱包打折，给他买一个吧；这条领带不错，搭配他那件衬衣颜色正好，买了吧。总之，你的购物车再也不是你的专属了。

我有一个同事，属性男，单身时活成了邋遢大王，但日子倒也散漫自由。有一天，他宣布自己找到了终身挚爱，俩人火速陷入恋情、同居。从此，这位同事就像完全变了个人，得体的休闲装、利落的胡茬、恰到好处的古龙香水，完全活出了另一种精神面貌，整个人都帅了好多。

可这些帅是要付出代价的。女友提升了你的颜值、让你的生活过得有滋有味，你也总得投桃报李吧。恰好她女友是运动达人，骑行、马拉松、瑜伽，当下时髦的运动她一样都没落下，还天天拉着我同事一起锻炼。都说情侣共同完成一件事有助于稳定感情，而且想一直穿得体的服装总得先让自己身形得体才行吧。

可怜我那位同事从过去的足不出户，变成了现在的天天早睡早起、迎着朝阳奔跑。他每天上班都要和我们诉苦，说自己多么怀念当初在家里玩一整天游戏、追一夜剧的单身时光。

• 不能任性。

只有单身的人才配谈任性，脱单的人只能谈责任。

恋爱前："老板不靠谱，我不干了！"一封辞职信摔到办公桌上。

恋爱后："算了，忍忍吧，他赚钱也不容易，我得帮他一起分担啊。"

恋爱前："这部剧太精彩了，反正是周末，就熬夜追完吧。"

恋爱后："熬夜追剧影响休息啊，而且明天还要陪孩子上钢琴课呢。"

恋爱前："心好累，想去寻找诗和远方，去西藏洗涤一下灵魂吧。"

恋爱后："我去旅行了家怎么办、他怎么办、孩子怎么办？"

以上还只是无法任性的基本款，更何况你们彼此身后都还有各自的父母和家人，总要分出一部分责任心给他们吧。小到节日问候，大到生病照顾，都少不了你的份儿。

我的好友 Lin 曾经风雨无阻坚持在周末学习彩铅三年，一次都没落下。有了孩子后，一开始还挣扎着去一下，后来变成断断续续一个月去一两次，再后来完全搁置了，整套画具放在角落里积灰。因为她每个周末不是要带孩子去娘家婆家，就是陪着孩子参加亲子早教活动，完全丧失了自己的时间和爱好。

其实我们每个人都应该先把自己的需求排在他人之前，哪怕对方是你的挚亲，因为只有先把自己照顾周到，才能有心力去照料别人。可我们受到的传统教育就是为了家庭和集体利益牺牲自己，多多奉献。如果 Lin 对老公和孩子说，你们自个儿玩吧，我要去画画，估计她很快就会被贴上许多不太好的标签了。

对于非单身人士来说，责任永远排在自我前面。

• 不再年轻。

单身的时候认为作息不准、饮食不好、内心孤单会使人更容易衰老，后来才发现恋爱后老得更快。

恋爱后的衰老首先始于环境和身份的变化。诚如前面所写，因为牵挂的人多了，操心的事多了，责任变大了，所以衰老无法避免。不像单身时，虽然生活不大规律，但让自己上心费神的事儿也不多，无非就是职场上的事儿和深夜时偶尔袭来的寂寞。

此外，脱单后的衰老还在于有了参照物。单身时，你只有你自己，除了同学结婚、同事生娃让你感慨一下时光飞逝、岁月如梭，但一觉睡起来，元气恢复，你会觉得自己还是那个青春无敌、生机盎然的美少女、圣斗士。

可结婚后，另一半和孩子会成为自己的参照物，无时无刻不在提醒你时光去了哪里。一晃恋爱两年了，一晃结婚五年了，再一晃娃儿两岁了。你会感觉自己不知不觉就掉入了时间的黑洞，漫漫人生变短了。

好的爱情的确可以成为营养丰富的滋润品、保养品，让人容光焕发，可首先，你得有运气碰得到"好"的爱情。我见过很多伴侣，在二人世界里相爱相杀，凭白损耗着自己的容颜和元气。

•减少人生的可能性。

单身最吸引人的地方在于它还有无限可能性，无论是在情感上，还是在十字路口的选择上，因为不管结果好坏，都只有一人承受或享受。而恋爱后的每一次选择和改变都要经历瞻前顾后、三思后行，其代价太大、影响太深，非一人一力能够承受。

就连换发型这样的小事，恋爱后都不能只是一个人的小事了。我表妹做了十年长发飘飘的女生，在25岁生日那天想有些仪式感，打算去剪个干练的短发，也算是开始人生的一个新阶段吧。可就因为这事儿，她和未婚夫大吵了一番。

表妹的未婚夫是个长发控，历任女友都是长发及腰。爱上表妹，她那头乌黑亮丽的秀发是加分项之一，可想而知，他得知表妹要剪成短发时会有多不情愿。在他刻板的意识里，女生就该留长发，这样看上去才温柔贤淑。"短发的女生总给人攻击性很强的感觉。"表妹的未婚夫说。

后来二人达成的休战协议是表妹先把头发剪短到脖颈的长度，等未婚夫适应、接受后再视情况剪短。恋爱后，任何求变都很难只是一个人的事，自己从内到外的所属物里似乎都赋予了另一半"管辖权"。

单身时，会觉得人生可以分分钟重启，每一天都可以是崭新的开始，所以即便当下离梦想很遥远，但我们依旧能够以梦为马，驰骋四方。单身时带着天真和简单的印记，因为这些印记会让你觉得世界到处是充满希望的绿色，而恋爱后，生活的颜色开始变得凝重起来。

倒不是说恋爱后的人生就特别绝望，只是你的身后多了一条尾巴。尾巴可以成为一个人的支撑，也可能尾大不掉。就是因为恋爱后似乎事事都能看出两面性，都能琢磨出利与弊，所以也就多了几分犹豫和迟疑。

此时你就会觉得还是单身好，爽快又利落。

所以，人生中那些得意须尽欢的事儿大都是单身时的事儿。让自己此生一定要有一个高质量的、值得回味的单身生活很有必要，以后回忆时，才会觉得不负此生。

别去苛求亲密无间

我从不相信灵魂伴侣和亲密无间的关系，无论那人是你在人海茫茫中千辛万苦寻出来的他，还是各自在娘胎里就已经开始拜把子做兄弟、闺密的那个人，抑或是你自认为有一对最懂你的父亲、母亲，任何心事都能和向他们吐露——他们不会对你评判，只会报以温柔的眼神、无须多言的理解，以及总是站在你身后的无尽支持，让你觉得他们就是你与生俱来的知心伙伴而非单纯的长辈。

事实上，再近、再亲，我都不相信会真的亲近。

"灵魂伴侣"和"亲密无间的关系"都让我们心怀期待，但它们都是自编、自演、自导的剧目，如果你笃信无疑，必须得有点自欺精神。

"他懂我微笑的含义""无须多言，我们只要静静凝望彼此就已了然于心""他的存在就是为了补足我的缺失"，类似这样的期盼虽然美好，但并不合理。

零距离的关系，真实面目就是你撰写了一个剧本，然后希望有人能按里面的情节演出和发展。如果他演得足够娴熟和真诚，你会觉得无比幸运，此生无憾；如果他演得偏离了轨道，你会觉得"自己何其悲催，怎么就遇不到一个懂我的人"。

而事实是，没人有义务去懂你，非得按照你的剧本来编排自己的人生。

我见过那种被徐志摩"我将在茫茫人海中寻访我唯一之灵魂伴侣。得之，我幸；不得，我命"纯爱式的爱情害得不轻的姑娘。她们相信彼此交汇的眼神能让心脏为之一颤，互相在不言不语中道尽一切，甚至对感情报以"无为而治"的信念，因为一切自有定数。

我也见过那种翻过一堆"情感经营之道""遇见更好的自己"类书籍的姑娘，她们相信感情是人为制造的结果，就像你希望收获鲜艳的花朵势必要播种、施肥，而不仅仅是对天祈祷；她们舍得对自己下狠手，相信只有自己光鲜亮丽、优秀优雅，才能吸引白马王子的目光，谁叫爱情讲究势均力敌呢。她们觉得对彼此的理解可以随着两人相处时日的累积而变得简单容易，因为本质上来说，"懂你"需要物质成本，更需要时间成本。

很难说这两种"信仰"哪一种能带来更好的结局。前者有经历爱情后再也不相信爱情的，也有依旧不主动行动、安然自若等待真命天子的；而后者，你一定见过那些看上去就是天造地设的伴侣，以及迥异但也在别人的质疑和不解中嬉笑怒骂过了一辈子的人。

所以说，不要提前写剧本，因为真是应了那句俗话"Anything is possible"（万事皆有可能）。

我们很难碰到一段无间隙的关系，最主要的原因是无论那人是谁，曾和你多么亲密，你们的角色和内心总是处于变化中的，难免有无法共同进退的失衡。

就像你和父母之间的关系，几乎可以一生不变，可是，在你3岁和30岁时，即使你们的关系不变，但他们的作用和影响却早已天差地别。你3岁时，父母完全是你生活中唯一的男女主角，你可以将一切开心、不快、疑惑、迷思都告诉他们，神奇的是，他们总有办法帮你摆平一切，这让你觉得他们简直无所不能。

可当你30岁，有了自己的家庭、圈子、见识和经历后，父母只能从你的"主心骨"变成"后援团"。你得承担自己种下的一切福祸因果，你有自己的人生期待和努力方式，他们也有自己的力不从心和爱莫能助。

长大后你会发现，你和父母之间的爱依旧如从前，但两代人之间的理解差异也横在那里。显然，一段无间隙的关系里是不太容得下"理解差异"这码事的。

那爱情呢？会随着身份的变化、时间的打磨趋向无间隙吗？恐怕很难，否则就不会生出那么多"在我们的一生中，遇到爱，遇到性，都不稀罕，稀罕的是遇到了解"的廖一梅式的抱怨了。

没错，你的另一半知道你最喜欢的礼物，会触及你泪点的电影，讨你欢心的各种方式，那些只要他说了就能让你心生柔软的话语，以及你的禁忌和底线在哪里，但这并不代表你们的关系就是亲密无间的。有时，他没理解你叹息背后的含义，不知道你为什么会做出出乎他意料的选择，甚至无法理解为什么这件事能让你失眠一整夜。

一切都与爱的程度无关，无论多相爱，两个人都不可能只靠一颗心共存。

所以，不被他人，哪怕是最亲密的人了解并非一件了不得的事，因为"了解"一词通常难有标准答案，类同真理，只能无限接近终究却难以抵达。

如果你因此对爱丧失信心和兴趣大可不必，因为最"残酷"的不是你的枕边人不懂你，而是大多数时候，你对自己都不了解。比如，那些视而不见的状况，自欺欺人的谎言，莫名的悲伤，无法言说的压抑，难以排遣的孤寂，以及自己完全凭借直觉和情绪而做出的重大人生抉择。

很多人大多数时候都在明白而理性地活着，但也只是"大多数"。有时，你会脱开缰绳、偏离轨道，行走在一条不是你轻易会走的路上。幡然醒悟时，问自己一句"当初也不知是怎么了"，而这就是你和自己的距离，你还是有自己不愿面对、不能了解的那部分。

既然我们不能做到与自己毫无间隙、明明白白，何必要挣扎着去寻求他人的理解与洞悉呢？

与父母的代际隔阂，不妨就当作光阴遗留给爱的小瑕疵；

与挚友的距离感，不妨就当作欣赏一场繁华而又欢庆的剧目，毕竟自己总是演独角戏也够凄凉；

而对爱人未能及时到位的理解更加不必计较，因为你也未必就能百分百懂他。

在与他人建立情感连接时，我们唯一要做的是努力，而非强求。

剩下的就是好好享受孤独。

一个人的生活，从整理开始

如果说消灭孤独是一个人生活的精神必修课，那会整理则是拥有高质量生活最实在的课程。

表弟有一年暑假来上海玩，那时我还没买房，只能住在我租的房子里。看见我的住房后他大吃一惊，"姐，没想到你住的房子这么整洁啊，太意外了。"在表弟的想象中，他以为一位单身、忙碌的女白领租的房子因为忙、没家人住、懒得打扫，肯定乱糟糟。

其实，我知道不少人在一个人住的时候的确都是这种乱糟糟的状态，被子不叠，反正也没人来；衣服东一件西一件到处都有；外卖饭盒堆到好几个一起扔；洗手台和马桶上也存了不少污垢，实在看不过去再大概清洁一下吧。我曾经租房时也经历过这样的阶段，后来一件小事改变了我的住宿习惯。

有一天真的是倒霉到家，工作中出了点差错又刚好撞上上司心情不好，我被批了个狗血淋头，然后准备了两周要见的客户下午被临时"放鸽子"，好不容易加班结束回家结果大脑"停工"搭反了地铁，在地铁上又差点和一位大妈吵起来，下了地铁走了15分钟后到家，被上海的7月热湿了全身，回到家打开门，看见屋里一片狼藉：没丢的垃圾、有灰尘的写字台、堆在床上的衣服……一天的情绪全部爆发了，瞬间大哭。

冷静下来后我开始分析，在这一天的不顺中，有一些是我无法避免的，比如炎热的天气、被客户"放鸽子"、和我"杠"上的大姐，但还有一些是我能避免的，比如更认真地工作、打造一个干净整洁的住所，这些事情不算太难，却能大大安抚我的情绪，至少做到不火上浇油。（如果那天我的房屋很整洁，也许开门后它就会变成我的避风港，而不是让我闹心的地方，我也不至于崩溃。）

所以，从此以后我特别注重对房间的清洁和整理工作，哪怕是租的房子、哪怕再忙再累（其实我们真的不至于忙到抽不出一点时间清洁房间），我都会定期收拾房间。

其实，如果你没有严重的洁癖，其实不必把房间打扫得一尘不染，只要保持它的整洁就已经能够给自己带来好心情了。当然，我做的对房间的整理工作要远多于清洁工作，因为整理是每天随手都会做的，清洁则视心情和时间，短则三天，长则一周。

生活中，当我们整理房间时，不仅仅是在整理空间和环境，更重要的是在整理自己的心情和生活，让它们更顺畅，而这也在无形之中塑造了自己的性格，能够让自己变得更有规划和条理。

说到"整理"，我们首先会想到日本。日本人让"整理"这个行为成为一门艺术——整理术。从著名的"断舍离"概念的创始人山下英子，到凭借"怦然心动"登上《TIMES》评选的"世界最有影响力的100人"的近藤麻理惠，还有以超级整理术闻名的广告圈大师佐藤可士和，以及擅长利用整理术处理工作的男性整理家小山龙介……整理术各门各派的掌门人，大部分都是来自日本。

除了这些整理达人，在日本还有许多传授居住智慧的民间组织，比如Housekeeping，心动整理协会，Home&Life研究所等。有些机构会为整理收纳咨询师颁发证书，成为持证会员以后就可以从事上门整理指导工作，把整理发展成为一项职业。

整理最开始源于房间的整理。因为日本的房屋通常都比较狭小，所以日本的主妇们总在琢磨如何能在有效的空间里打造一个整洁、温馨的家，由此便产生了空间整理。

空间整理、收纳的方法有很多，但总结下来主要有三点：

第一，物品要少。

无论是"断舍离"、还是让自己"怦然心动"，抑或经久不衰的简约风，保持物品少都是原则之一。

想一想，如果你的住所本来就不大，还有一大堆东西和你一起挤在这个空间里，心情很难不压抑。而且东西越多我们越难维持秩序，也会让我们把自己真正需要的、最重要的东西淹没掉。

所以，无论你的房间多大，都请在不影响正常生活的情况下尽最大努力缩减物品，减少累赘。

第二，固定位置。

其实惹怒我们、让情绪崩溃的通常都是压死骆驼最后一根稻草的一些小事。比如，快迟到了本来就很着急，临出门时死活找不到钥匙；已经够沮丧了，一不小心还被墙角的花盆绊了一下。在有限的空间里除了维持物品少之外，很重要的一点是一定要给物品固定好位置，尤其是越小、越杂的物品，越应该有自己专属的地方。

钥匙用完随手就放回包里或者放在门廊的架子上，开辟出一个专属位置给它；衣服脱下来就挂在挂钩上，沙发椅子和床都不是它们该待的地方；还有硬币和小额零钱，能放在存钱罐里就不要到处乱撒；书、本、碗、筷、各种杯子和调味品都应该放在专属的位置，不要轻易改变或随便一扔，避免用时找不到。

第三，定期检查。

平时整理得再好，如果不定期检查也很难维持长久的整洁度。越来越多的衣服、文具、书、以及冲动消费购买的小玩物等，总是不知不觉就会侵占你的空间。因此要定一个时间，比如每月一次、每三个月一次，定期检查物品。不常用的、不用的、坏掉的、不喜欢的都可以收起来、送人、捐掉或丢掉，从而让自己的使用空间时刻保持舒适。

整理术虽然针对的重点是空间，但绝不止步于此，由空间整理延伸出来的是对情绪的整理。如果你能把空间打理好，就可以试着去调整自己的情绪了。

我们为什么要整理情绪？为了能够更正常、有节制的生活。

回忆一下当你情绪失控时曾说出的那些伤人、伤己的话、做过的那些让人难堪的事情，等到情绪平复时恐怕大多数时候都是后悔懊恼的吧。如果一个人的情绪毫无波澜，那这个多彩的世界对他将毫无意义。同样，一个人的情绪如果总是大起大落，那他也会被情绪蒙蔽"心眼"，错过这个有趣的世界。

对情绪的整理并非只是一味控制，虽然这是现在非常流行的做法——"控制情绪才能掌控人生"的标题和说法到处充斥，整理情绪还意味着释放，控制与释放兼容。但最重要的是，要时刻、尽可能地让自己的情绪和心境处于平静的状态。"刺激"很爽，但维持平静才有可能让我们更正常、更有质量地去生活，因为这个时候，理智是占上风的，它能防止我们做错事和蠢事。

我是个急性子的人，这也意味着整理情绪是我终身要学习的课程。美国人最常用也最简单的调整情绪的方法是深呼吸，在美剧和电影里我们经常看到主人公遇到重大变故时会说"First of all, deep breath.（首先，请深呼吸）"现实中的美国人也是如此做的，而且这个方法的确能缓解情绪。除此之外，还有几点我自己的心得，也在此分享给大家。

第一，避免刺激。

我们的情绪被"点燃"——无论是激动还是暴怒——都始于刺激。如果你想维持理性、避免情绪波动，最直接的做法是灭掉源头、躲开刺激。

思考一下让自己情绪失控的雷区通常会有哪些，然后试着去避开或改变。

比如，我的雷区之一是受不了慢，无论是自己还是别人，只要稍微慢一点——行动慢、说话慢、回复慢等等——我心情就会开始变差。了解这点后我采取的做法是把Deadline（最后期限）尽可能运用于所有的事、如果涉及与他人的合作，我也会让对方明确知道我的Deadline或请对方给我一个Deadline。

"这份约稿最迟周五晚上我会给你。"

"合同能否在周一上班的时候发给我？我会在周日的晚上发信息再提醒你一下。"

在Deadline范围内我的急性子就能维持正常，如果超过时间限制还没回复，去追问对方也不会让对方觉得过于Push（逼迫）、不礼貌。

第二，避免混乱。

心境和情绪的混乱很大程度上源于环境的混乱。比如乱七八糟的房间、凌乱的办公桌、打开电脑密密麻麻混乱的文档，这些混乱都会引起我们情绪的波动，所以做好外部的整理能在很大程度上减缓我们情绪的失控。

在《佐藤可士和的超整理术》这本书里他说："把环境中的干扰因素清理到最低限度，这是在对人的情绪进行整理。"我非常认同。

做好情绪整理是为了进行最高级的整理——整理思考。

同样还是《佐藤可士和的超整理术》这本书里，佐藤对整理思考的方法提出了一些很好用的建议：将自己和对方的思绪置换成语言。

佐藤说："若是能将模糊不清的思绪置换成语言，就能有条理地向他人解说。语言化能让思绪变成信息。"

　　另外，信息化时务必建立假说，大胆向对方提问。整理出对方的言论后试着置换成自己的语言，反问对方："你的意思是这样吗？"

　　由佐藤的这一点我想到的是当我们整理自己的思绪时也可以借用此招，也许不必去反问自己，而是把想要传达的信息口述出来或写在纸上，反复审视然后反馈给大脑，确认是否想表达的就是这个意思？想要的是否是这个结果？如果不是，差别在哪里？

　　另外，思考时要对于别人的事情视如己出。佐藤认为，这一点是思考整理术非常重要的关键。因为是将模糊不清的事物当成信息，还要从中找出问题点，加以解决，如果不发掘跟自己的接点，不但无法涌现真实感，目标远景亦将变得空洞。

　　我完全理解一个人生活有诸多不便和困难，但如果这是自己选择的路，还是坚持走走看吧，而好的整理可以帮助我们行走得更顺畅一些，不仅是生活，还有人生。

第二章

◎

成长焦虑，学会用"不应该"去看问题

学会用"不应该"去看问题

对文字，我的包容度一向比较大。上到百年经典，下到通俗小说，我都来者不拒。但在这个范围内，我发自肺腑地讨厌一类文章，即"卖弄未遂"文。所谓"卖弄未遂"，就是明明他想成为指路的灯塔，却一不小心成了歪掉的路灯，还是灯泡坏掉的那种。

最常见的一类题目就是"30岁之前应该知道的15件事"，由此衍生出的还有"在遇到合适的人之前，你应该知道的9件事""大学四年，你应该知道的20件事"等。

有太多理由去讨厌它们了：

原因一：撰写这类文章的多数作者都是信口开河、脑洞大开，并未经过任何实验证实、数据统计就得出结论。

这类文章通常推荐给20到30岁的姑娘们很多建议，但只要稍作分析，每一条都可以当作笑话来看。

比如，这类文章喜欢告诉你：25岁以后，别再谈一场没有结果的恋爱，你必须学着谈一场成熟的恋爱，婚姻是一辈子的，选老公/老婆不能像谈恋爱那样，选错了可以选下一个；而已经超过25岁的你，必须学会跟对的人谈恋爱，避免把自己的时间浪费在错的人身上。

真是一口血喷出来，我真想问问写这些内容的人：为啥有婚姻的恋爱才算开花结果啊？在谈的过程中俩人情投意合、身心愉悦难道还不够吗？为啥结婚后发现遇人不淑就不能换个人？谁谈恋爱的时候不是觉得自己在对的时间遇上了对的人，这和25岁之前还是之后有关系吗？来，你给我列张EXCEL表格、摆个公式，计算一下怎样算是在恋爱中浪费时间，怎样算不浪费时间。

比如，这类文章喜欢告诉你：努力让自己更好。每个人都希望自己变得更好，但是"好"需要付出努力，22岁以后，你必须努力让自己过上一个更好的人生。当你变得更好以后，就能够遇见更好的人，人生的提升就是这样来的，一切都从你"变得更好"开始。

这个大前提是对的，人人都想让自己变得更好，但这个界限为什么"必须"定在22岁以后呢？多少人从娘胎出来就一直在铆着劲儿地"天天向上"，一刻不休地往上蹿啊。还有，我身边有多少妹子把自己变白、变美后，还是无法避免遇到坏男人啊。还有个别跌落人生低谷的朋友，蓬头垢面、胡须拉碴、工作全无的时候，被拉去聚会凑人数，就能找到喜欢的人，拿到工作面试机会。让人努力没有错，但千万别让人觉得努力之后会万般皆美好，就像善有善报一样，都是巨大的谎言。

再比如，这类文章经常撺掇你："姑娘，你都二十好几了，开始工作了，不要再用大宝、再穿美特斯邦威了。你要拥有一套高级的化妆品，每天用至少一小时的时间去折腾出一张看上去像没化妆一样的脸；你得去牌子响亮一些的店里买衣服，每件最好不要低于500元，如此你的衣装才配得上你的年纪；还有，你刚开始工作，允许你不买房，但租房一定不能矬啊，哪怕空间不大，但必须独立、温馨、有气质。"

但现实是，这个年纪的人，本科或研究生刚毕业，跑来北上广这样的大城市，挤破脑袋参加无数招聘会和宣讲会后，好不容易有了一份刚刚可以解决温饱的工作，刚够吃得起公司楼下把10元盒饭卖成30元套餐的午饭；刚能支付离公司1小时地铁路程的住所——那是一套被隔成5间的三室一厅中的一间，不到10平方米；而你的衣服大多还是从学校毕业后带走的T恤和牛仔裤，为了上班得体不得不去服装批发市场买两套并不贴身的套装。

我只想对作者说："精致的妆容、有品质的服装，以及总是在图片和电视上才有的明亮又文艺的房间，请你用在二十几岁时普通工作的薪水解决一下。"

原因二：作者们不过是写一些基本的常识性东西，但非要摆出一副故作深沉娓娓道来的嘴脸，显得自己跟洞察了人生真谛的智者一样。

比如，我看过一句话说："20岁以后，在任何场合，学会说谢谢、对不起、你好、再见，礼貌会让你有很多意想不到的收获。"看完后当下的第一反应就是，这孩子家教得多差要等到20岁以后才明白3岁孩童就知道的道理啊！

比如，我看过一句话说："二十几岁，当你觉得度日艰难的时候，请先解决经济问题。"说好听点是一句常识，说难听点这不就是一句废话吗！谁苦的时候想的不是多赚钱，而是我下周要不要去马尔代夫度假啊，偶像穿的那双GGDB牌小脏鞋我要不要入手一双啊。

再比如，我还看到过："趁着还没找到对的人，好好孝顺自己的父母。百善孝为先，不仅要找个孝顺媳妇，也要找个孝顺的女婿。但是首先，你要自己做好。"去掉第一句话，整句话怎么看都不为过，是实打实的常识。但有了第一句话反而让这个常识多了些莫名的喜感，感觉"趁着还没找到对的人，好好孝顺自己的父母"，这难道不是在为"有了媳妇忘了娘"铺路吗？

原因三：我非常质疑写这些文章的作者们，他们做到了多少？

我们都太容易高看自己，刚攒了一些浅薄的感悟，就急不可耐地把它们变成自以为很棒的哲理输送给他人，全然不顾这些文字是否禁得起实践和时间的检验，以及别人是否真的需要，哪怕你们处境相似、年龄相仿。

也许，许多25岁的人没有那么在乎自己身上的衣服是否值500元，他们更关心的是当下如何获得一个更好的工作录取通知。而30岁的单身女性也不在乎自己的下一场恋爱是否成熟，更多的是想有一个不错的开始。

而且，正如我说的，那些作者在敲下"这个年纪要保持苗条的体型"几个字时，自己是否有管住了嘴、迈开了腿。

在告诉别人"过了30岁的女人，每晚睡前最好喝一杯红酒，美容养颜"时，自己能认得多少红酒品牌，讲得清这些牌子的红酒来自哪里和制作工艺。

告诉别人"这个年纪应该有两段恋爱经历才是最好的，一段是你爱别人，另一段是别人爱你"时，且不说这个命题本身的对与错，作者自己的感情是否又是按照这个路数进行的，滋味是否如其言？

原谅我无法轻易相信他人吧，文字的力量与真实都是有限的，但比文字还弱小的是背后那个人的意志与思想。

关于生命，卢梭也不过才说了句"生命不等于是呼吸，生命是活动"。

关于光阴，孔子也不过才说了句"逝者如斯夫，不舍昼夜"。

关于读书，杨绛也不过才说了句"你的问题主要在于读书不多而想得太多"。

关于知识，但丁也不过才说了句"人不能像走兽那样活着，应该追求知识和美德"。

关于爱情，蒙田也不过才说了句"谁按规定去爱，谁就得不到爱"。

关于美貌，波伏娃也不过才说了句"姣好的容貌是一种武器，一面旗帜，一种防御，一封推荐信"。

关于死亡，罗素也不过才说了句"如果我们并不害怕死亡，我相信永生的思想决不会产生"。

智者们尚且不轻易圈圈点点、斩钉截铁，何况吾等？

如果你不喜欢存钱，只愿意过今朝有酒今朝醉的生活，那就不要委屈自己那颗想追求欢愉和热闹的心。人生舍得享受是难事一件，既然你现在就有此觉悟，量力而行、开心去做就好。等有一天你玩腻了，自然会开始筹谋自己的未来。

如果你讨厌像商品一样被父母拿去公园相亲，那就无论多大，都不要为了别人的口舌去妥协。闲话是别人的口臭，将就才是实实在在扎在自己身上的针。

如果你不喜欢现在睡在身边的人，那就果断换人吧，时间越久越不容易。但要知道，当你总是摆出一副委曲求全的样子，对自己的孩子说"我这辈子没离婚都是为了你"这样的话时，心肠硬一点的孩子并不会领情，而心肠软一点的孩子会在内心留下你无法想象的阴影。

能够辨析一些暧昧的是非和不堪推敲的道理，学着用"不应该"去看待"应该"，也许才是我们最应该学会的事。

远离你"讨厌的自己"

觉得自己好肥、好丑、好笨、好穷……就是看自己各种不顺眼，怎么办？

心灵鸡汤会告诉你：亲爱的，你要开始改变，然后爱上焕然一新的自己。比如：

觉得自己肥，那就开始减肥吧，每天跑个三公里，先来一个月的，看完效果后你就会重新爱上自己。

觉得自己穷，那就开始攒钱吧。从每天一杯星巴克改成每天一杯雀巢速溶，坚持两三年，你就可以带着攒下来的钱飞韩国了。

觉得自己笨，那就多读书吧。两周读一本，做好读书笔记，闲暇时培养自己的兴趣爱好，烘焙、养猫。智商不够，气质来补，做个"灵魂有香气"的人。

　　总之，鸡汤会告诉你人生不会穷途末路，世上没有过不去的坎儿。

　　必须承认，确实还挺在理的。

　　不过除了"鸡汤大补"外，还有另一种法子可以拯救"你讨厌的自己"这个难题，倒也简单：习惯就好。

　　想想完美的人或者完美的人生（虽然二者并不存在）也挺无趣，那种小心翼翼的紧绷感挺累人，稍有差池就会把自己逼到万劫不复的地步。所以，接受有瑕疵、有遗憾的自己并活得心安理得才是现世的完美。

　　况且，凡事都有两面性，甚至无数种解法，何必死磕其一呢？看得到大千世界，受得住千奇百怪比追求硬邦邦、冷冰冰的完美有趣多了，想想上面的难题完全可以用另一种画风来诠释啊：

　　觉得自己肥，可又没毅力减肥。那就别减了，肉嘟嘟的也挺好啊，看着喜庆，有福相；而且，这个世界没有胖子哪来的瘦子呢？

　　觉得自己丑，可又没钱整容。那就别整了，整成网红脸会被骂，而且保不齐过几年审美趋势一变，锥子脸又会被嫌弃；再者，如果你整得像大多数人那样普普通通也没意思，白花钱不说还落个大众脸没啥印象，倒不如想想如何让自己丑得有特色。

　　觉得自己笨，又静不下心来读书。那就别读了，傻傻笨笨才不会把世界和人心想得那么复杂，自己还能活得轻松些。如果不放心，那就找个比自己聪明的伴侣保驾护航吧。

说白了，就是你得有一双发现美的眼睛，打造一个阿Q的内心世界，这样，你才能善良，并且无坚不摧。

改变自己和学着习惯看不顺眼的自己然后我行我素，向来我都是青睐后者。在战斗者眼中，我这种人也许不求上进，活该存活在鄙视链的最底端，但我确实不想活得那么咬牙切齿、一股狠劲儿。

我有一个朋友在经历了从"鸡汤大补"到我行我素后，整个人都轻盈了。

她是传说中的剩斗士（对大龄未婚女性的称呼），逼婚、相亲、被家人和亲戚念叨、被朋友的秀恩爱伤到……总之，剩女该受的伤害她一点儿也没落下。一开始，她也采用"鸡汤大补"疗法："做精致的女人""变成更好的自己才配得上更好的另一半""真爱，不要追而要等"，折腾一通后，发现自己成了四不像的大傻瓜。

本来嘛，她就是那种压根儿对婚姻没什么向往，不想对他人背负过多责任，性观念很开放，一个人乐得逍遥自在的人。虽然这种人在世俗的正确答案里一向不受待见，可何必为了达到别人的标准而委屈自己？自己活得舒心难道不是此生最大的意义吗？

所以，没必要把自己往死角上逼，条条大路通终点，总有一条是不堵车、不加塞儿的，可以让你比较畅通无阻地撒欢。

可如果你就是那种特别坚定，非要铲除恶习，在追求完美的大路上撒丫子狂奔的人，偏偏又接受不了鸡汤大补，那在面对讨厌的自己时，该怎么办呢？不妨从下面两条着手：

第一，找一个对的环境。

一个对的环境永远比拼毅力、找方法重要、有效得多，对于这点，可以用我学英语来验证。

来美国一年多，为了提升英语，我真是没少忙：和外国小伙伴结成过语伴，做过橄榄球赛小摊的志愿者，在咖啡馆义务服务过，甚至还逼着自己考了雅思，无非是觉得在美国待了几年后有朝一日回国，如果英语还像出国前说得那么矬，还有何面目"见江东父老"。

我虽然用了很多学习英语的方法，但让我英语进步最快的阶段是一次生病住院的20多天时间里。在医院没有会讲中文的人，而美国的医生和护士又是那种特别闲不住，每隔一小时就来关怀、问候你一下的人，从例行检查、询问病史、进行治疗到订餐买饭，你不说英文就等死吧。

在那20多天的时间里，我感觉把这辈子的英文都说完、听完了，以至于出院后一开始和家人长时间用中文沟通还有点不习惯。后果就是，我终于从英语哑巴和聋子升级到能和本地人交流，办点事儿不会耽误的水平了。

学英语找过无数方法，依然只能讲"What's your name""How are you""Fine, thank you , and you"这三句，和"听过无数道理，依然过不好这一生"是同样的怪圈，都是要在环境的"逼迫"下做过、练过、丢过人后才能奏效。

第二，先想明白"好处"再设立目标。

急于设立小目标的坏处在于：如果你没有先解决"意义"或"好处"等宏观、高级的东西，那你设置的目标要么会跑偏，最终导致无效；要么你会在实现目标的道路上前进得特别痛苦，难逃放弃的命运。

就像前两天收到一位读者朋友的来信，她说自己是个特别不爱说话的人，就算和同寝室的伙伴一起走路也是经常沉默，这样的性格导致她几乎没什么朋友，但她内心又特羡慕和渴望那种成群结队热闹的生活，于是她问我该怎么改变？

虽然我是个喜欢收割干货，也喜欢赠送干货的方法论拥护者，但我还是想告诉她，处理沟通技巧和人际关系的方法有成千上万，可在实践方法前，不妨先想想：究竟是什么原因导致了你现在的性格，沉默究竟是因为自己的原因还是因为没有遇到在同一频道的人，以及，你在追求"成群结队的热闹"时真正想要追求的是什么？

人是趋利的物种，先弄清楚大方向，在前进的道路上才能体验每进一步的欢喜。

如果在做了这两点之后你还是无法改变，只能说明这个"你讨厌的自己"就是原本你该有的样子，那就不妨试着爱上这样的自己吧。

真正决定你高度的不是眼界

　　小静出生于四线城市，毕业后来到上海找工作。她奋斗了5年，当中经历了记不清的节假日加班，40℃的高温挤一个多小时公交去上班，一开灯就能看到蟑螂四散的地下室里住宿的种种艰辛。5年后，她终于能拿着一份看得过去的薪水，不算委屈地生活了。大城市生生不息的繁荣、衣食住行的便捷以及相对公平的机会让小静打开了眼界，她认定上海就是此生安居乐业的第二故乡。小静心中的蓝图是创办自己的公司，让自己的孩子上得起国际学校，然后出国读书去见识世界的另一种样子。

　　小丽也生长于四线城市，毕业后也来到上海找工作。在上海工作的一年里，她见过陆家嘴车水马龙的川流不息，看过淮海路鳞次栉比的名牌店铺，体验过搭乘一小时的高铁就能去西湖边看风景的便捷。可是，一年后小丽还是离开了上海，回到了那座让她更如鱼得水的偏远家乡。她和小静看到了一样的风景，终究还是觉得所谓大城市也就是那么回事。小丽心中的蓝图是在家乡有一份收入不高但稳定的工作，让自己的孩子考得进当初自己就读的市区重点学校，然后去大城市好一些的大学读书，毕业后再找一份安稳的工作。

且不论二人将来谁会生活得更幸福，毕竟幸福指数不绝对取决于城市，只是她们都在大城市见了相同的世面，打开了所谓的眼界，为什么选择和发展平台会如此不同？

所谓的眼界，充其量只是你看到的一场风景，它并不能决定你人生的高度。只有把看到的风景记在心里，走过脑子，付诸行动，才能决定人生的高度。

这就好比人人都说自己喜欢旅行，能对去过的地方如数家珍报上名来。可是，当你问他那里最具特色的风景是什么，哪些景致最打动你时，少有人能说清道明，因为他们把眼中的风景都留在了相机和朋友圈里。

所以，不是行过很多山山水水就能成为旅行家，不是闻过很多书香就能成为书评人，不是尝过很多餐厅就能成为美食家。当我们对事物的态度是浮光掠影时，它们回报的也只能是惊鸿一瞥时的震撼和惊艳，随后余波渐渐消失，最后什么都不会留下。

　　说白了，人生最需要的不是体验和见识，而是能耐得住性子往下沉的深度。

　　所谓"耐得住性子往下沉"具体来说其实是三个词：用心、行动和等待。

　　我们都听过格拉德威尔的"一万小时"定律，就算我们真的能对某件事持之以恒5年，但大多数人付出的不过是重复，这也是为什么父母做了几十年饭，它们最终也只能成为你"小时候的味道"，而不是舌尖上的中国或入选米其林。你不能说父母不用心，只是大家都习惯了用熟练去代替思考。毕竟，熟练能带来安全感和舒适感，正常人不会没事儿找事的去挑战自己玩。

　　所以，一万小时不是重点，关键是前面是否有"用心"这个词，当下流行的说法就是"刻意练习"。

　　关于这方面知乎答主田吉顺做过很好的诠释：

　　"首先，刻意训练的目标就是要让自己成为顶尖级的专家，要有为此而努力的精神动力。如果你仅仅是喜欢这种活动，仅仅靠爱好支撑，而不是以顶尖专家作为目标，在一些反复的训练之后，你的爱好可能会被耗尽，而刻意训练的过程常常是痛苦的、枯燥的，可以说是磨炼。如果没有足够的精神动力，可能很难坚持下去。刻意训练一个折磨人的原因在于，它迫使你一直处于认知阶段，在这个阶段，你得不停地关注并且努力提高自己的训练效果，而无法进入无意识阶段。"

刻意训练就是训练你的经验系统，通过训练，你可以在无意识状态下行动，并且在相应领域内不用集中精神就能进行更高水平的思考。

刻意训练当然包括一些重复性的训练，但又远不止于此，它需要你以更加严格刻苦的训练来突破水平的瓶颈。它和普通的重复性训练一个很重要的不同在于反馈，即需要有专业人士的指点。

全球畅销书《最好的告别》作者，也是2010年"全球最具有影响力100人"中唯一的医生阿图·葛文德曾经描述，自己工作多年之后，虽然已经达到一定水平，但总感觉还不够满意，感觉总是突破不了上升的瓶颈。于是他自己出钱雇了一位资深退休的外科医生，请他在自己手术时在旁观看，然后给出批评意见。结果发现，其实自己在很多细节上都是有上升空间的。

寻求反馈的目的就是把理性判断内化到你的直觉中，而你自己的直觉很难发现自己的问题，所以就需要专业人士来指出。

至于行动，就更好理解了，你首先得"踏破铁鞋"后，才有资格去感叹那句"得来全不费功夫"。

我个人是非常推崇"行动至上"的，哪怕是带着一些莽撞和迷茫的成分。因为我不相信有思虑周全这回事儿，不相信有完美主义（我相信接近完美主义），不相信万事俱备。我们的整个人生就是旷日持久，需要甩开膀子大干一场的运动，因为谁都不会善待、眷顾我们到不需要我们付出行动，仅凭思考就能把密钥交给你的地步。

我非常信奉一个公式：解决问题＝彻底动脑的思考力＋不辞辛苦的行动力。

可很多时候我们只做到了等号右边的第一步。

回忆一下：想提高自己的效率，于是研习了一堆时间管理方法，从待办事项列表、周计划到番茄管理法……你每天的计划都如期完成了吗？想好好吸收书本里的知识而不只是泛泛一读，于是钻研学习了一堆做读书笔记的方法：康奈尔笔记法则、思维导图、涂鸦笔记，然后你真的有吸收每本书里的精华吗？

为什么读了那么多方法论、干货，还是两手抓瞎？原因很简单，因为我们只是思考了、学习了，然后就结束了，往往缺少了至为关键的一步——执行！

生活和工作是在我们每天解决诸多大小问题中度过的，解决问题的过程永远应该包含两部分内容：想和做。但受现在社会大趋势影响，我们往往更容易去做个四体不勤的"思想家"。

所以，求谁都不如求己——既要求自己的大脑，更别忘了躯干和四肢也要跟上。

有了用心和行动打底，剩下的事就是等待。

这个论调听上去有些悲观，但换个角度想，谁能确保我们的用心和行动方向就是正确的呢？总需要让时间这把手术刀去开膛剖肚地观察和验证吧。

不要沉迷于立竿见影、速成、一夜成名或暴富这些神话，否则，我们会把自己逼得要么发疯，要么放弃，要么走上歪门邪道。我们需要做的不是投机而是抓住时机，而是在碰上时机前和遇到时机后的日子里，气沉丹田、心平气和地锻造自己。

等待很磨人，不过在"但愿人长久"和"朝露待日晞"之间，你更愿意选择哪一个呢？

用心、行动、等待，这三个词真是千年老梗了，但它们之所以还能在我们的生活里频频露面，我想还是因为虽然道理都懂，可我们就是过不好自己的生活。而更重要的原因是，我们总喜欢用"眼界"这个高端又真理的词去掩盖它们，以为有了眼界就能无敌。其实，能斩获美好人生的人，哪一个不是用细细碾磨、苦心经营换来的呢！

有一种幸运叫"吃亏要趁早"

昨天和佳姐通电话，一小时聊下来，羡慕嫉妒得差点和她绝交。

佳姐担得起"优秀"二字，跳槽到新公司用了不到两年的时间，年薪已经拿到40万，级别从一个小顾问坐火箭蹿升到手下有十来人的中层管理，今年又被提拔为区域总监，用了一半的时间达到了别人相等的高度。佳姐的老公也是"不甘落后"，跳槽到新公司后，成为部门领导，直接向董事长汇报，年薪比在之前的公司翻了一倍。

两口子上班各忙各的，下班回家在书房面对面继续各自忙各自的，累了就来个鼓励的亲吻，节假日带着女儿出国游玩，长见识，典型的中产阶级生活——事业有成、物质丰盈、家庭和睦。

想想两年前和佳姐吃饭时，她还是一副愁眉苦脸的模样。那时，她在老东家工作得不开心，说白了就是薪资辜负了她的能力，那是她的第一份工作，一干就是7年，论感情，论熟悉感都不是能轻易下定决心说走就走的。更让人郁闷的是，那时的她还和老公两地分居。

佳姐老公刚毕业就进了一家人人都羡慕的大型国企，行业好、福利佳，只要不做出爆捶领导的事，一辈子安安稳稳地做下来，退休金每月轻松5位数不说，退休时一次性领走的6位数的养老补助金就够好多人羡慕。更何况她老公工作表现一直不错，部门主管外派他去了边疆地区，类似于公务员升迁前的下基层锻炼，待够一年就能升迁调任回来。这对在单位里没有任何靠山的他们而言，简直是天大的好机会。自此，小两口就开始了熬人但有盼头的异地生活。

满一年时，领导说政策有变，以前边疆地区锻炼一年的规定现在要延长到两年，反正一半都熬过了，两个人决定再坚持一年。有些事咬咬牙总能过去，第二年的时光就在两口子来回奔波的飞机上慢慢悠悠过去了。果然，佳姐的老公收到调令被调了回来，不过调令是他新上司发的，新上司那个位置原本应该是他的。也就是说，分居两年，除了赚到些芝麻补助外，本该到手的那个大西瓜在瓜熟蒂落后被别人抱走了。

　　这样的结果使得佳姐的老公跳槽去了一家同行业的咨询公司，然后就有了上面提到的那些升职、加薪的故事。

　　佳姐说，这个亏吃得值得！

　　中国有句老话叫吃亏是福，我觉得如果能趁早吃亏，那是大福。

　　说起"趁早"二字，最著名的要属张爱玲的那句"出名要趁早"了。从小到大，我们总希望那些有用的事、好事都能尽快在自己身上发生。

　　上学要早，因为万一复读，年龄上有优势。

　　到校要早，因为一日之计在于晨，头脑清醒学习效果好不说，还能博得老师的好感。

　　睡觉要早，因为早睡早起才能身体好。

　　当家要早，因为知道了柴米油盐有多贵，才能明白生活的不易。

　　结婚要早（但早恋不行），因为剩下来就不好嫁了。

　　生娃要早，因为身材容易恢复。

　　发财要早，因为怕追不上父母变老的速度。

　　……

所以，我们的一生就是一场撒丫子赶赶赶的马拉松，生怕落在别人后头。

其实，我挺喜欢这种火急火燎的成长方式，它带给我一种生活奔腾不息的感觉。虽然不是所有的事情都适合"趁早"，比如衰老、死亡；也不是所有的事情都可以如你我所愿就能"趁早"，比如发财、出名、好运气。既然"吃亏要趁早"无法避免，还不如早点"用掉"的好。

我觉得"吃亏要趁早"是这个世界非常有诚意的一句话，没有智慧，不跟你掏心窝子的人是不会轻易说的。

你越早经历那些遍布在周遭的险恶与险情，才能越早明白涉世之艰，逼迫自己去练就一副火眼金睛、铁打金身，从此，让后面的路多些一马平川；你越早经历那些不怀好意的人心与伪善的感情，才能越早明白谁是能够于患难中安心托付的那一个，谁又是要敬而远之、此生再无必要往来的那一个。

我大学好友小妮就是通过坏男人才找到了现在的真爱。

回想起来，我至今都觉得该男奇葩得像个传说。他们相识于网上，在不同的城市上学，他是小妮的初恋。做这个背景交代，是希望你能对小妮接下来的愚蠢多点宽容，毕竟情窦初开的少女在第一次的感情经历中犯傻是一件允许被容忍和原谅的事。

　　一般坏男人的那些劣迹：动辄玩消失、态度冷淡、和女生搞暧昧，他一样不落地都来了一遍，套路重复、剧情雷同，就不赘述了。之所以说他奇葩得像个传说，是因为坏男人有三件事一再刷新我的下限。

　　第一，小妮去他所在的城市看他，坏男人不带她见任何朋友和同学，衣食住行所有费用都是小妮自理，唯一一次请客是带小妮去校门口撸串儿。但坏男人来看小妮，却以"你待的城市生活成本太高"为由，衣食住行全部让小妮买单，就连回去的火车票也不愿自己掏钱。

　　第二，坏男人会以五花八门的理由问小妮借钱，比如，"我们宿舍进小偷了""我下铺的兄弟女友怀孕了，我把钱给他们去打胎了"。谁让人家是初恋呢，多大的火坑小妮也跳了。可这边坏男人借着钱，那边小妮就在与坏男人搞暧昧的女生QQ空间里看到她秀的礼物——今天亲爱的给我买了这条项链，真是百搭啊！并配了一张坏男人和她的逆光侧脸照。

　　第三，分手几个月后，坏男人在电话里说自己得了癌症，毕竟爱过一场，希望小妮能原谅自己过去那些不靠谱儿的事，现在别无所求，只想在临死前再见她一面。不顾我们几个好友的一再怀疑、劝解，小妮都信以为真、伤心欲绝，第二天就坐飞机去诀别了。然后，坏男人红光满面地出现在她面前。原来坏男人和小三儿分手了，打着"非常想念小妮"的旗号，实则是无聊和缺钱花把她骗了过来，想让她陪玩、陪吃，当然全由小妮买单。

好吧，我知道你们肯定会忍不住吐槽小妮，因为这事儿我也没少做。可是，作为好友，最多也不过只能用"年轻时，谁还没遇过几个坏男人"来安慰她。不过也多亏了坏男人，才会让小妮在分手后成为坏男人"榨汁机"，在之后的恋情中，对方人品如何，有什么花花肠子、鬼心思，小妮就像缉毒犬一样嗅觉灵敏，该骂就骂回去，该分手就分手，真是上可小鸟依人、下可理智成熟，而她也正是因为这份比例恰好的"矛盾"，才让现在的老公欲罢不能，乖乖跳上婚姻这艘"贼船"。每次看到朋友圈里她靠着老公的肩膀笑得毫无设防、灿烂无比的样子，我就感叹坏男人也算是行善积德了。

郭德纲说过一段话，大意是：活得明白需要的不是时间而是经历。从出生就挨打一天抽8个嘴巴，到25岁铁金刚、活罗汉，什么都能不在乎；从小一帆风顺，到65岁走在街上被人瞪一眼就能当街猝死。

所以，既然我们无可避免总要吃亏，那还是趁早来的好。

你早点在钱财上吃亏，才能更早明白天上不会掉馅饼的意思。

你早点在人情上吃亏，才能更早明白求人不如求己的真谛。

你早点在感情上吃亏，才能更早明白什么是真爱。

你早点在健康上吃亏，才能更早明白身体就是本钱这句大实话。

……

没有谁的一生会一直顺风顺水，早点吃亏，早点长记性，早点把玻璃心换成钻石心，早点学会处变不惊，以后再碰到旋涡暗礁，才不至于磕得头破血流，失去翻身的机会。所以，下次吃亏时不妨想想还好是现在这个年纪，还好一切都来得及。

这才是最好的时间管理

对于我这样一个非常讲求效率又非常容易觉察到时光易逝的人来说，在没有做正经事的每一秒，或者休息的每一刻都觉得我是在对自己的人生犯罪。也许正是因为抱有这样的观念，我才如此厌恶睡觉这件事，总幻想着某天能发明一种药水，可以让人一直醒着却还不觉得劳累就好了。

说起睡眠，插个题外话。现在很流行"睡商"这个词，意思是指一个人的睡眠质量和其智力及健康状况的比例。我在网上找了一圈也没发现这个概念源自何处，其中所谓的"美国学者提出"究竟是谁，但暂且我们就先承认这个定义的合理性吧。

睡商和各种其他"商"一样，也有高低之分。睡商高的人，他们的统一标签是：身体健康、精神焕发、皮肤光亮、思维敏捷。而睡商低的人也列出了如下表现：

第一种，睡眠轻视族：认为睡觉是浪费时间，该睡觉的时候，可以看书、工作、娱乐、喝酒……总之就不睡觉，毕生与睡魔做斗争。

第二种，主动不眠族：生怕别人说自己"怎么睡那么早啊"，所以就是不睡觉，视深夜两点以前入睡为可耻。主要是怕自己睡得太好成为异类，最终想睡好也不行了。

第三种，失眠恐慌族：最担心和别人一样失眠，偶尔一次睡不好就情绪紧张，害怕失眠会让生活不顺，其结果可能由业余睡不好向失眠转正。

第四种，睡眠挑剔族：因为可能发生的一切原因睡不好，有各种顽固的睡觉旧习，适应新环境和任何动态的改变需要漫长的时间。

第五种，睡眠牺牲族：被动失眠的最佳表现。往往是陪着别人不睡，为了别人的利益，牺牲自己的睡眠时间。

我有点接近第一种表现，但绝不会因为娱乐消遣、无所事事而牺牲睡眠，我只是单纯认为睡觉是浪费时间的，希望能把时间用来做更多"正事儿"，比如工作、读书、提升技能、锻炼身体，可有时候也会质疑一下自己的判断：为什么这些事就非得是人生中的

"正事"？

我很是怀疑对睡商高的描述"身体健康、精神焕发、皮肤光亮、思维敏捷"，这种描述在华尔街、硅谷的成功人士和精英们身上可以见到，但我很难相信他们大多数人有足够的睡眠时间和好的睡眠质量。

还是说回正题吧，出于对时间的敏感甚至是恐惧，我成了一个睡商比较低的人。但一味减少睡眠时间明显是不对的，关键还是要高效利用醒着的时间，这就得说说时间管理这个概念了。

在很长一段时间里，我都把时间管理看作技巧问题，所以尝试过各种管理时间的方法。比如，我给手机设置了25分钟的定时，让自己专注在这个时间段内把一件事情做好，不受其他事物的干扰；我列出每日待办事项列表，按"要事第一"的概念去排列顺序、努力完成；我记录自己做每一件事情的精确时间，然后每晚睡觉前盘点，看看哪些时间还能够被压缩、抠出。

除此之外，我还热衷关注各种流行的、经典的时间管理工具。

比如用Left这款App来提醒自己的一生已经走过多少小格子、可能还剩多少小格子，以此来提醒自己珍惜时间，不做无用的事；或者用Forest这个App来逼迫自己专心致志，不到自己设置好的30分钟绝不去看手机；更不用说作为苹果手机的忠实粉丝，把苹果内置的一套完整的时间管理软件——日历、提醒事项、备忘录用得多得心应手了。

事实证明，时间照溜不误，对浪费时间后的心虚和内疚感却很难减弱。

为什么掌握了那么多时间管理方法，熟知那么多时间管理工具，还是不会管理时间？

很简单，因为时间管理根本与技巧无关。

时间管理当然有"捷径"可循，书店里上兜售的那么多"方法论"总会有一些用处。每个人都可以摸索出一套自己的时间管理方法。不过在我尝试过诸多时间管理技巧和工具后，最终还是全部放弃了，原因有二：

第一，那些方法让我很难坚持下去，也许它们对有些人很奏效，但对我却是负担大于效果。

就拿经典的"番茄工作法"来说吧，设置一个25分钟对我来说有时根本不够用，见客户、开会、团队讨论时，我无法突然叫停说"设置的25分钟到了，我要休息3分钟～5分钟"。

第二，使用时间管理工具往往会浪费更多的时间。

本来随手一记就可以解决的事，现在却要打开手机、进入App，在上面输入待办事项，设置好最后日期，完成后还要记得去点一下显示"已完成"状态，一个流程下来感觉形式感大于实际意义。

最好的时间管理技巧用起来一定是得心应手、不费力、不耗费额外精力的，所以我放弃了那些经典方法、流行工具，摸索出了属于普通人的时间管理之道，主要有三点：

第一，追求记录的便捷性而非工具。

我有一个随身、随处携带的小本子，比手掌略大，然后把待办事项（比如10点开会、下午两点给客户A打电话）、重要事情（今天一定要提交年终总结、约了11点去医院检查）、容易忘记的事（取快递、上网缴电费）一股脑儿全记录在上面，每页只写一件事，而非把事情都罗列在一张纸上。这么做有一个好处就是如果突然发生意外，可以在那页纸张的空白处继续追加对此事的跟进情况。当该事完成时我会把这页纸的一角折起来，提醒自己不用去翻看了。

当然，我不可能时时刻刻和这个小本子形影不离，当它不在手边而又发生了一件需要记录的事情时，我会发消息或微信给自己（毕竟手机和我们几乎是形影不离的），提醒自己把这件事记录在案，确保不会遗漏。

第二，小事必须多任务处理。

我有一个原则是：做正经事、大事时尽量留出整块时间，争取一口气完成，无论是三小时、半天还是一天，如果这件事需要你花时间、耗费脑力和精力才能完成好，那就一定为它留出尽可能多的时间，而类似一些不需要走心、无须花费太多脑细胞的小事一定要秉持"多任务原则"去做完。

工作和生活中有很多这类小事可以搭配组合去完成，比如：接听不重要的电话 + 看邮件（不是回邮件），开"形式主义"的会议 + 在脑海构想项目的 PPT 框架，洗衣服的时候 + 听电子书。

关于小事，它应该符合这样两个条件：你做起来不费力；短时间（10 分钟以内）能搞定。

第三，从自己最想做的事开始。

虽然"要事优先"这个原则已经被尊为神旨，但对于很多人来说执行起来真的很困难。如果能坚持完成还好，如果半途而废估计会因为搭上了大量时间还没有完成而沮丧、生气，其他事情的完成效果也会受影响。而且"要事"本来就是主观性很强的概念，有些"要事"可能悲壮色彩略重，让人一想到就会觉得有很大压力；而有些"要事"也许因为你当天心情很好或者别人夸奖了你而突然自信爆棚，艰巨的"要事"也变成了"易事"。

所以，在众多待办事项中，不妨先从自己想做的事情先开始，让自己渐入佳境，一件接一件地去完成手头的事情。

以上三点说穿了还是偏技巧，但如果你不弄清楚"究竟什么事对自己是最重要的""自己的目标是什么""究竟想成为什么人"这类问题，可能再多方法也是枉然，就如同知道很多道理还是过不好生活一样。

时间管理说到底是人生观问题。

我相信每个热衷时间管理的人都是非常在乎时间的人，但如果我们不先问问自己：你如此高效地想去完成一件事是为了什么？经过"管理"多出来的时间你想干什么？当因为追求高效，而让一件事情的效果打折扣时，你的容忍度有多大？那么，所谓的时间管理就只是在追求形式。

对于我个人来说，我会想各种办法让自己在做一些事时能够更快、更多地去完成，比如同时处理好几件小事，行动时永远风风火火，在任何等待的时刻——比如排队等车、等候就医——一定要做其他事，比如看书、写提纲、组织素材——不允许自己干等，或四处晃悠，所有这些行为都是为了能抠出更多的时间让自己写书稿、写专栏。

写作在我人生中是一件"正经事"，不像写日记记录心情那样随意，所以我必须尽可能多地匀出整块时间给它。和很多写作者不同，我无法在机场候机时或在咖啡馆喝杯咖啡的时间就拿出电脑写稿子，这对我来说过于仓促和紧迫。我写稿子时一定要端坐在书桌前，留出至少三个小时的时间。

因为有了"要写稿"这个目标，我才会有动力去想方设法抠时间，明白哪些行为是可以缓，哪些行为是必须紧迫或者不允许的，时间管理自然而然也就执行起来了。

很多看上去是行为方式的问题，其实都与我们自己的终极目标"你想追求什么样的生活和成为什么样的人"有关，时间管理也不例外，而所谓的技巧、方法，不过是让我们在实现目标的道路上时走得更顺畅一些。

抵抗懒癌，只需要这七招

懒惰是人类的原罪，像我这种向来对自己心慈手软的人从来不指望能打败它，但如果一辈子都懒下去也实在是没什么出息，毕竟持续懒也需要毅力，以及耗费力气去对抗上进人士的。恰好这两样我都没有，所以也只能在发懒的时候想一些"怪招儿"，暂时把它们遏制住，如此才能算是不辜负这一生吧。

不过，通常那些科学的、积极的方法——比如把目标拆成更小的目标去逐个击破，或者先从最简单的事情做起然后渐入佳境，又或者学习去规划、审视、监督自己等方式完全不适合我。我都懒得动弹了，还要去想着拆解目标、判断事情的难易程度，难度未免太高。所以，暂且抛下那些所谓的科学方法吧，不妨试试这7个易操作，又有效的抗懒"奇招"。

• 洗个澡，换身衣服。

这招看起来和治懒没什么关系，但其实大有关联。首先，犯懒的大部分时候也是整个人精神萎靡的时候，此时冲个澡，能让人迅速精神抖擞、清醒不少。其次，洗澡后你会有一种全身上下焕然一新的清爽感，此时你再新换一身衣服行头，就算不及浴火重生，也绝对有洗心革面的感觉。

所以，一旦开始泛懒，马上来一场说洗就洗的淋浴（记住，是淋浴，不是点满蜡烛、充满着芳香的泡泡浴哦），最好再用一些触感清凉、气味提神的洗漱用品，然后从头到脚、从内到外都换上干净的衣服。此时，你再去照镜子，就会发现自己越看越像追赶朝阳的好青年。

• 换个环境。

当偷懒的心开始发作时，越让你留恋、不想离开的地方就越容易滋生懒惰，这个时候，最需要做的就是换个环境。

像我这么容易偷懒的人，有两个地方是不敢待的：一个是家里，另一个就是安逸的咖啡厅。家对于我来说就是可以做任何事，但就是不该与辛苦、勤劳沾边的地方，所以在家里工作、学习、码字，我会良心不安，觉得辜负了这个地方；而咖啡厅——特别是安静、闲散的那种，它们难道不就是为了让人类尽情发呆和卖弄情怀才存在的吗？为什么要在这样的地方耗费脑细胞呢？喝一口咖啡，看5分钟书，看窗外3分钟，再发呆10分钟，才是泡咖啡馆的标准模式吧。

干正事儿时，我一定会找那种让自己不容易闲散和发呆的地方。之前在国内是去图书馆，工作后，周末如果需要加班、学习，我也会去社区图书馆开工。来美国后，我更喜欢待在学校实验楼的自习区。

实在是学校图书馆的冷气十足，让我受不了，而自习区的好处是身边有一堆老外，要么是独自一人，用一张写满了对知识的渴望和对未攻克难题誓死不休的脸对着电脑敲字；要么是三五成群，在摆买满了书本和电脑的桌子前，手舞足蹈又一本正经地边讨论，边在白板前写满各种公式和符号，那种感觉就像他们正肩负着保卫地球和人类的使命一样。在这样的人群中，我怎么好意思偷懒，就算装也要装成勤奋好学、热爱知识的样子吧。

·以强制治懒。

这招儿我没尝试过，但周围有人用过，效果显著。

当你需要完成一件事但又懒得迈出第一步时，不妨告诉周围最有威严又最爱管教你的那个人，让他时不时夹带着逼迫之意念叨你几句，直到你不得不给自己下"生死状"，你要做的事儿八成也就被逼出来了。

我有一位朋友特别不喜欢做编程，但导师给他安排的工作就包含这项任务，他从周一拖到周三就是不想做。然后从周四开始，他时不时就去导师那里晃悠一圈，讨论点问题、学学实验操作，导师随口问了句你工作完成得怎么样了，何时交活儿？他脱口而出48小时内搞定交给你，导师满意地点点头，然后他就充满激情地回去填自己挖的坑了。

我说没事儿干吗招惹导师啊。他说，我就是希望他砸个最后期限给我，这样我才能有干劲儿，自己给自己规划的最后期限总还是缺少权威感的，对此我也不知道该说什么。

• 以毒攻毒。

这招儿虽然有点牵强，但还是有一定的治疗功效的。

当我实在不想做哪怕一丁点儿正事儿时——包括上厕所、吃饭，我会让自己彻底懒下来。要么挑个自己喜欢的姿势进入追剧模式，要么找个地方玩一天，做什么都行，总之越糟蹋时间越好。

然后，当夕阳西沉时，我会开始回忆自己这一天做了什么，我发现自己面对的，要么是满桌子吃剩下的零食，要么是电脑里留下的追剧历史记录，要么是玩了一天后的腰酸背痛，结论就是"一事无成"，一瞬间我就感觉非常难受。然后小宇宙就开始启动了，赶紧看书学习、做项目计划书、写书稿，以此拯救一下自己昏死过去的灵魂。晚上躺在床上，回想一天，觉得自己对人生还算负责，对人类有一丁点儿贡献的。

放纵一自虐一拯救，三步一气呵成，内心跌宕起伏，无比酸爽。

• 喝点鸡汤，找点刺激。

我并不是鼓励你看那类动不动就"光芒万丈""相信明天会更好"的鸡汤文，当然，如果它们对你有效，请继续。这世上，能鼓动人心的东西有很多，选择适合自己的一款很重要。

比如，你今天特别不想去健身房，那就找出你喜欢的运动明星，看看他们的训练集锦或者为内衣裤代言的露肉广告，看看那满面的汗水和闪闪发亮的肌肉会不会刺激你；你今天特别不想花费心思研究美食，那就翻出之前晒在朋友圈的美食图片，重温一下那些点赞和夸奖带给你的成就感。

这种触类旁通、敲山震虎的方式对我还是能起作用的。每次犯懒不想敲键盘时，我就会翻翻作家访谈录之类的书，看看斯蒂芬·金是如何在车祸后用写作重燃生命的，看看翁贝托·埃科是如何在走路和吃饭时创作出一章内容的，看看海明威是如何每天坚持站立几小时完成创作的。此刻，我那颗懒惰的心已然有些活络了。

然后，在默念几遍唐家三少九位数的版税，嗯，整个人不是清醒而是炸裂了。没有什么能够阻挡我对敲键盘的向往，于是我开始奋笔疾书。

• 脑补一下懒了二三十年后自己的矬样。

我将这招称为"脑洞大开坑死自己不偿命"，既然无法在现实中对自己下狠手，总可以在想象时给自己来点猛料吧。

不排除这样一些可能性：一直懒下去，然后某天突然中了五百万的彩票，后半生轻奢地过也能活得挺滋润；一直懒下去，然后某天突然有位霸道总裁爱上了你、非你不可，他恰好喜欢你懒懒的样子，后半生你靠着他也能活得挺滋润；一直懒下去，然后某天大家突然中了"谁勤快谁就死得快"这样一种新型又无可救药的病毒，你的周围再也没有勤奋的人，世界上再也不流行勤劳就是美德这种说法，自此世界大同，终于可以懒得心安理得、高枕无忧了。

我们当然可以用这种乐观的脑洞大开的方式去为自己的懒惰开脱，但我是真的无法愉快地沉浸在这些"美好的画面"中，所以，我为自己脑补了另一副有着险恶用心的画面，通常它长这样：

因为自己懒癌一直发作，几十年后我美貌（假装有）尽失，身材已经完全分不出前后左右面，仅有的一点知识和见识也因为不思进取终于成了新时代的文盲；而此时我的另一半虽然满头银发但风采依旧，因为学无止境的信念在他心中根深蒂固，所以他成了让很多人敬仰的科学家。即便到了耳顺之年，他还是没有放弃用自己的智慧为人类发光发热，然后一不小心就摘取了诺贝尔奖的桂冠。歌德那句脍炙人口的"事隔经年，我如何贺你，以眼泪，以沉默"用在此处真是再合适不过了。

我会问自己："这样的差距我想要吗？"

如果脑补完如此悲惨的画面后你还能懒下去，那说明你对懒惰是真爱。

・发誓，用自己喜爱的事物做代价。

每次看到影视剧里动不动就有人伸出三根指头信誓旦旦地诅咒自己时，不免觉得既幼稚又好笑。但如果让你有模有样的举着手亲口发毒誓时，内心还是会怵几分的，用这招治懒癌也颇有效果。

友情提示一下：我说的是用自己喜爱的事物做代价，所以就不要牵扯上自己的同类了，不管是你爱的人还是你恨的人。

就拿我来说吧，我人生的一大信念就是无辣不欢，活着的每一天我可以放弃水果、放弃零食，终身吃素，但如果谁剥夺我吃辣的自由，立马翻脸，恩断义绝。

当我犯懒到重度又真的需要一些外援来帮助我改变时，我会对着苍天郑重其事地说："如果我今天不完成×××，就让我失去味觉永远享受不到辣带给我的快感。"然后下一秒就是深深的后悔，开始捶胸顿足：有必要赌这么大吗？紧接着就是后怕：万一真灵验了呢？最后，勤奋的小陀螺就在这种又悔又怕的复杂情绪中爆发了。

如果以上7招你都尝试后，对抵抗懒癌还是无效，那只能证明一个事实：你实在不适合在地球安居乐业，还是赶紧回你的"懒人星球"逍遥快活吧。

第三章

◎

选择焦虑，
你的失败从不是轻易放弃

你的失败从不是轻易放弃

你曾对自己的人生有过什么误会吗？

比如像我一样，学生时代的作文经常被拿来当范文在全班或别的班级朗读，获过一些奖项，就以为自己在写作方面挺有天赋。直到去年，我开了微信公众号开始码字，给其他媒体写专栏，开始天天把码字当成正式工作去完成时，才发现这么多年以来，我真是误会自己的才华了。

虽然比我不会写的人有很多，但比我会写的人更多。我从过去的不知天高地厚地认为自己能"玩弄文字于股掌中"，到现在惊觉"原来自己才是被玩儿的那一个"。难免偶尔自我怀疑一下，产生"世界这么大，会写的人这么多，哪辈子才能轮到我混出头"这样的质疑。

很多时候，我们太容易被自己迷惑，把擅长的那一点当成了天赋，以为凭借于此就能崭露头角、一举成名。而事实是，在某一方面，我们也许确实比别人强了那么一点点，这多出来的一点点就好比你恰好比别人五官端正了些，身材匀称了些，但又绝不至于达到"只因在人群中多看了你一眼，再也没能忘掉你容颜"的级别。

这就尴尬了，人人都想靠自身实力脱颖而出，但实力往往不太争气，让我们不能脱颖而出。更尴尬的是，除非受到刺激或挫败，否则，我们很难自知，"原来对自己的误会这么深啊"。

怎么办？难道就此作罢吗？

这还真不失为一个好主意。周杰伦在《稻香》里不是唱了吗？"追不到的梦想，换一个不就得了。"没有谁的人生是非要如此不可。

就像我在美国认识的莉莉，她是生物学的博士后，从本科到当博士后"卖身"生物学12年，后来，她放弃本专业去做了代购。因为曾经在班里生物永远考第一，高考因为生物竞赛加分去了国内前5的大学，所以她坚信自己将来一定会站在诺贝尔的领奖台上为人类做出杰出贡献。来美国读博士以后，看着身边一波又一波的牛人在眼前晃悠，她才明白自己的那点天赋连谈资都算不上，顶多就是个冷笑话，然后她就头也不回地跑到海外代购的大军里了。

我问莉莉，你后悔吗？ 12年的全心投入说丢就丢了。

莉莉说，会惋惜但不会后悔，毕竟自己没有一条道走到黑。虽然及时止损得晚了点，但现在做代购每月月入10万不也补回来了吗？

所以，别把自己的梦想看得太圣洁。 世界那么大，一生不算短，给了每个人足够的空间去挑选，而我们要做的就是懂得在该坚持的时候咬紧牙关，该放弃的时候别硬逞强。

"有心栽花花不开"是人生对我们开的玩笑，"无心插柳柳成荫"是命运给我们的奇迹。

但总有那么一小撮人即使到了太平洋也淹不死他们的贼心，非要在一条道儿上杀出个天下无敌才肯罢休，怎么救？不用救，就像作家庄雅婷说的，一错到底，也是对的。

如果一个人真能收起左右摇摆，不顾他人劝阻，冷眼别人的质疑和否定，横下一条心走到黑，看上去是丧失理性，但往往这也代表着他正在汇聚自己的所有力量一头栽下去，猛扎猛打，早晚也能凿出个洞，看到世界的另外一副模样。

虽然钱锺书说很多人是错把热情当天赋，但能够对一件事一直保有热情，谁又能说不是一种天赋呢？

人生最大的损失，从来都不是轻易放弃，而是摇摆不定，浪费了所有感情和精力。

倒不是我热衷于灌鸡汤，虽然热卖的《只有偏执狂才能成功》为"一条道走到黑"加持不少，但我们都知道大部分人不敢或不能一条道走到黑，剩下的人走到最后发现自己原来只是进了一条死胡同，只有剩下的更小一部分的人最后迎来了光明。

道走到黑的尴尬之处在于，走到最后你发现，自己动用对抗全世界的勇气和决心并没能感动上天，当然，上天也不会辜负你，还了你一记响亮的耳光，顺带着"死心眼"的话外音。

可即便走下去成功无望，你只要掉个头或者稍微变个轨迹，就不必拥有撞南墙的血和泪，我们依然不能嘲笑和指责那些选择"一错到底"的人。原因很简单：不关你的事。

很多来美国留学的中国学生都做着一场美国梦。他们当中有的人花了大把钱读传媒硕士，最后却成了美国肉联厂的文档管理员；有的人博士毕业就收到国内知名高校、企业抛来的橄榄枝，待遇好到几乎算得上走到了人生巅峰，但他们就是能淡定地放弃那些录取通知，甘愿挤破头去拼一个一周工作70小时，工资让腰杆硬不起来，学校名气也是在排行榜上很靠后的教职名额，最大的休闲大概就是周末一个人在办公室玩玩英雄联盟（LOL）吧。

再想象一下他们回国后可能过上的另一番生活：海归博士，高校教授，算上各种补贴，年薪能有70万，简直就是大城市丈母娘的金龟婿，待嫁女青年抢夺的钻石王老五。这时，你很难不发出"何必呢？死脑筋一个"的感叹。

但无论旁人觉得多荒谬，这也是他们自己的选择。就像有人会嘲笑美国梦的虚妄，也总有人把它当成没爹没钱没资源，但却是让自己人生翻盘的唯一机会；有人不理解怎么能抛弃"父母在，不远游"的古训，也总有人拼死想留在美国，不过是为了躲开那个不堪的原生家庭。

所以，"一条道走到黑"远非表面看到的只要决心、勇气和一股傻劲儿那么简单，它可以是一个人对自己能力的莫名自信，对梦想的坚定执着，对原来生活的逃离，对未来生活的幻想，甚至纯粹就是一个错误规划的执行——因为无论对错，他们都要做自己的主人。

大概，人与人之间精神上最远的距离就是，我们无法真正懂得另一个人的想法。

无论是摆正自己的位置后及时止步，还是抱着迷之自信一错到底，当对方没有寻求看法时请务必保持沉默。因为，除非一个人自愿，否则他没有义务承受别人的评价，而我们一厢情愿的评价往往会伤害别人。

更何况，一条道走到黑，万一你选对了，走出来了呢！

别用努力来掩饰你的懒惰

我爸最爱和我讲的一个故事是关于他的同事林先生的，二十多年来我听了不下上百次。

四十多年前，林先生被分配到爸爸所在的厂子成了一名工人。那是一家大型国企，稳定、待遇尚好，是很多人梦寐以求的工作单位。厂里的工人们和我父亲一样，上班时出苦力干活，休息或下班时大家聚在一起打扑克牌、下象棋，其乐融融。能分配到这里工作，按理说应该知足，而林先生却显得格格不入。

大家都在打牌、下棋时，林先生总是在休息室的角落看高数、背英语单词。那是一个不太看重知识的年代，工人是社会主义的主人，林先生这样的举动难免遭人嘲笑，可他依旧我行我素。他的亲弟弟倒是很合群，没事儿就跑来厂里找大家玩。爸爸说，印象中他记得林先生训斥过一次弟弟，大意是这么好的时间不抓紧学习，以后有你后悔的。

没几年恢复了高考，林先生如愿考取了理想中的大学。后面的故事你大概也猜得到：大学毕业后他去了牛津读博，毕业后留在英国的一所知名高校任职，太太和孩子移民到英国，林先生也成为研究领域里首屈一指的人物。而他的弟弟，以工人的身份一辈子蜗居在那个厂子，苦熬到退休，拿着微薄的退休金度日。

这类逆袭的故事我们肯定听过不少，但真正发生在自己身边时，我们才会由衷感叹：在同样的时代和家庭背景下，像林先生和他弟弟如此"相似"的两个人，同时身处低谷，为什么命运却如此截然不同？

• 志向高低决定平台高低。

一个人逆袭成功的因素有很多，比如努力、决心、能力。但首先取决于他有什么样的志向，因为志向决定了你如何看待目前的平台。"低谷"对有些人来说是平地，对有些人来说则是深渊。对于一个认识到自己正身处低谷、想走出它的人来说，必须怀有比这个低谷里最厉害的人还远大的志向。

这就好比和大妈比赛谁在超市能抢到最多的打折鸡蛋，如果你的志向仅限于此，即便是冠军，也只是赢得了一场和大妈抢鸡蛋的比赛。可如果你的志向根本不在此，你压根不会走进超市。

所以，不要为了竞争而竞争，不要为了努力而努力，你所有的竞争和努力首先应该指向为自己设置一个更大的格局、更高的目标。

知乎答主"巴赫爱喝胡辣汤"曾说过，假如你现在是一个便利店的店长，而你从小热爱写作，有一定文笔基础，你心里一直隐隐约约有一个愿望，想成为一个作家，那么现在可以怎么做？

也许你会说我可以利用闲暇时间先打好基础，比如增加阅读量、锻炼文笔，从长计议慢慢来。但最好的办法是"直接活在一个作家的状态里"：有每天固定的写作时间，有自己固定的作品输出平台，积极约稿和投稿，自己弄一张电子名片去介绍和展示自己，像一个真的作家那样去写出有深度和新意的文章。

•每一个华丽的逆袭都离不开默默的坚持。

设定好高于目前身处的平台目标后，最主要的就是坚持——不是顺境中按部就班的、依靠自律的坚持，而是那种不会因为环境变化、他人质疑动摇和改变的坚持。

在这方面，我很佩服刘备，因为他在人生落魄到卖草鞋的时候，想的依旧是如何匡复汉室，而非如何成为草鞋界的一哥。

纵观刘备的一生，你会发现他的大半生都在东奔西走，过着颠沛流离的生活，48岁时都没有占据片瓦之地，没有基业。要知道那个年代60岁已经是高寿了，刘备的状态就相当于现在一个人奋斗了大半辈子，到了六七十岁还没有什么产业，然后贼心不死地说要超越阿里巴巴，超越马云。听上去很天真，可也正是因为这份矢志不渝，他才会在卖草鞋时慧眼发现了关羽、张飞，打着小算盘"谋划"了史上最有名的一次拜把子——桃园三结义，之后青梅煮酒论英雄、三顾茅庐、成为三国时期蜀汉开国皇帝的系列故事才会发生。

不过，当我们下定决心去坚持某件事情的同时，也别忘了告诉自己：坚持未必就会有回报。

我有一个朋友辞职创业，每天过着除了闭眼睡觉的四五个小时外（有时做梦也是在工作），时刻都在拼命的状态。很不幸，他没能成为"风口上的猪"，第一年亏了十几万；快到山穷水尽时，他听到了马云爸爸著名的"今天很残酷、明天更残酷、后天很美好"的豪言壮语，又死撑了一年。我们以为之前已经是拼到极致了，没想到这一年他还能更拼：通宵做项目书、和投资人死磕、用严苛到公司员工几乎要和他反目成仇的态度做产品……

一年后——他再次亏十几万。最终他成了马爸爸那些金句里的最后一句——"但是绝大部分人死在明天晚上"，没能看到后天美好的太阳。

现实不是热血漫画，本来吊车尾的主角，在作者画了两话的特训后，一下成为优等生；也不是童话故事，不会出现惊喜的转折，没有善良的拯救，更鲜有圆满结局。现实是，有可能很多努力和坚持后依然没有回报。只有认清这个现实还愿意往前走的人，才有可能真的实现逆袭。

"默默的努力和坚持"并非提倡蛮干，而是坚持做一件事应该是包含预判、尝试、反馈、调整、深入等，形成螺旋上升的轨迹。没有这个过程，你的坚持和努力就是懒惰。

古川武士在《坚持，一种可以养成的习惯》一书中提到的培养习惯的三个时期分别是：

反抗期——困难重重，很想放弃；

不稳定期——容易被环境所影响；

倦怠期——提不起劲，感到厌烦。

书中指出，不同的习惯培养所需要的时间不同，对于行为习惯的培养大约需要一个月的时间，例如读书、写日记、整理、节约等；对于身体习惯的培养，诸如减肥、运动、早起、戒烟等则需要3个月；对于思考习惯，例如逻辑性思考能力、创意能力、正面思考等，大概需要6个月的时间。但培养习惯的3个阶段，也就是上面所说的3个时期的周期一般为一个月的时间。也就是说，培养一个习惯要过3个阶段，这3个阶段的时间大概是一个月，过了3个阶段，后续习惯的持续进行精力相对来说就会花得很少。

阶段一：反抗期（第1天～第7天）。

针对反抗期，有两个具体对策：对策一：以"婴儿学步"开始；对策二：简单记录。

"婴儿学步"的对策指的是不要大规模进行改变，从小处着手比较好，比如想学英语，可以从每天先学15分钟开始，不要上来就几个小时，会学吐。

"简单记录"的对策其实也是培养时间管理的一种方式，可以以15分钟为单位，详细记录时间的运用状况，持续观察两周。

此阶段还有3个原则：

第一，锁定一项习惯（不要同时培养多项习惯）；

第二，坚持有效的行动（行动规则越简单越好）；

第三，不要太在意结果。

阶段二：不稳定期（第8天～第20天）。

在不稳定期最主要的就是会受外在环境的影响，建立"持续行动的机制"是最重要的，对策有三：行为模式化，设定例外规则，设定持续性开关。

"行为模式化"是指把自己想培养的习惯化为固定的模式（时间、做法、地点）并认真执行。

"例外规则"：是指再周全的计划一整个月遵守也是困难的，对不规律发生的事预先制订应对规则的弹性机制就是例外规则，例外规则不是宠溺自己，而是为了让计划保持弹性，自己也能更好地坚持，毕竟人是活的嘛。

"持续性开关"：每个人的持续性开关各不相同，书中举了12个持续性开关的建议，大致分为两类，一类是糖果性开关（快感），另一类是处罚性开关（危机感），看自己适合哪种。

阶段三：倦怠期（第22天～第30天）。

倦怠期是"习惯引力"最后的反抗，一般会出现感觉厌烦提不起劲、感受不到培养习惯的意义、因一成不变而产生空虚感等。其实这个阶段自己已经开始适应"新习惯"了，习惯引力为了维持现状而设法抵制你所做的一切，做出最后的反抗。这个时期一定要谨慎对待，有两个对策：添加变化，计划培养下一个习惯。

"添加变化"：主要是针对一直持续做一件事情，会感觉到单调乏味，所以花点心思添加变化很重要，如打算学习英文，准备不同的教材；打算跑步就经常变换路线；如果减肥，就在菜单上添加各种创意，等等。

　　"计划培养下一个习惯"：思考下一项要挑战的习惯，并开始拟订计划，定好培养习惯之后的努力目标，会不断增加好习惯。若想要得到丰富的收获，持续播下"习惯的种子"是必要的。

　　对于"逆袭"，从精神层面到实战层面，我喜欢的两句话其实概括得很充分，第一句是《黑客帝国》里的一句台词，"我不知道结局，真的不知道，我只是相信而已"；第二句是"五月天"的阿信在一次采访中说的"人要稍微为难自己一点"。

自己挖的坑，自己填

在国外，我曾经看过一则啼笑皆非的新闻，是关于和网友约会的。

一名男子和女网友相聊甚欢，堪称洗涤灵魂，相互看了照片也颇合眼缘，于是便决定见面约会。见面后男生发现女方太丑，便拒绝继续。谁知女生报警说自己遭受了诱奸，警察赶到后了解了事情缘由，然后告知男生，如果继续履行约定则不构成罪行，如果拒绝则按诱奸带回审问后再行处罚。男生没办法，只能在民警的注视下回宾馆继续履行约定。

真是自己挖的坑，哭着也要填完啊！

这则略带黑色幽默的新闻倒是引出了我一些感触：成年人的游戏规则就是，无论什么事，自己挖的坑，自己填。因此，少给自己制造产生烂摊子的机会才是正道。

每个人的成长史也是一部"烂摊子收集史"。仗着年纪小，我们可以随意一丢，等着家人帮我们收拾。可当你走上社会后，怎么好意思让别人替你处理。更何况，有些事是多亲的人都不好接的，比如上述"见网友"这种事。

在烂摊子现形前，我们无法预料那将是让你难堪的事。一件事情，从开始发展到走歪的过程中，通常有三个原因：

第一，贪图便宜心理。

我们总觉得贪小便宜吃大亏是只会发生在别人身上的事儿，可常常被现实打脸。

就像那个"履行约定"的男生，可能也明白现在的照片就等于"照骗"，网友见光死的也不在少数，但就是觉得万一对方真的是美女呢？万一自己是幸运的那一个呢？万一真的可以找到肉体与灵魂都合拍的伴侣呢？结果呢，还真是万一中的万一啊。

来美国后听过不少因为想占便宜而让人心痛的故事。一些本科、硕士毕业的学生，因为无法凭借一己之力在美国扎根，但又不甘心回国，为了留美可谓费尽心机、用尽手段。

朋友的同学硕士毕业后在费城一家不靠谱的公司实习，因为OPT（Optional Practical Training 的缩写，是美国移民局授予F-1

学生的校外工作许可。 学生可以利用 OPT 的合法身份进行合法的实习工作，这也是中国留学生毕业后申请留在美国的常用方式）到期，公司也不能帮她办工作签，而她又非要留美国不可，所以就找了个 ABK（在美国出生的韩国人）。俩人迅速同居，ABK 住在女生家，女生为他又是下厨做饭，又是洗衣捶背，关键是免费就算了，房钱、饭钱等所有生活费用都是女生负担。

男生家在纽约，却从没带女生到访甚至是去纽约逛逛。毕业的时候，ABK 连招呼都没打，直接就从学校搬回了纽约，到了之后才通知女生他父母帮自己在纽约安排了工作，麻烦她把放在她家的物品收拾一下邮寄到纽约。简直就是无情啊。可是，这能赖谁呢？

第二，高估自己能力。

所谓高估自己就是你的期待配不上你的实力。好比《欢乐颂》里的樊小妹，非要去勾搭花花公子曲少爷，酒也陪喝了，歌也陪唱了，球也陪打了……她以为彼此的关系已经到男女朋友的份儿，结果呢，父亲突然住院要用钱，借不到一分就算了，还被对方用"让秘书送来一千元""成年人不就是你情我愿"这样的话来羞辱。

还有，那部烧脑的日剧——《我的危险妻子》。蠢萌丈夫每次都以为自己能搞定妻子设的局，可妻子玩出了与学弟联手斗丈夫和小三，与丈夫联手斗警察，与警察联手斗丈夫，与小三联手斗丈夫，与姐夫联手斗丈夫和小三，与姐夫的孩子联手斗姐夫和丈夫，与邻居联手斗警察和保险公司以及丈夫这一系列漂亮的排列组合（我知道没看过剧的你此时已经被绕晕，反正你只要记住妻子把所有人都"耍"了一遍就够了）。难怪每次蠢萌丈夫都只能哭天喊地、懊恼无比地陷入永无止境的烂摊子里不得抽身，都是智商惹的祸啊。

第三，缺少坚持的毅力。

事物发展的趋势很少是平稳或一直呈上升趋势的，波折、峰谷都是正常现象，但脆弱的我们总是更容易在低潮时就撂挑子了，于是任由事物崩坏。

我的一位朋友。去年她通过努力减肥，小蛮腰初见雏形，最近我们一起吃饭我发现她比以前胖了很多。怎么不到一年就毁成这样？原来她减肥见效后就心生懒惰了一段时间，结果反弹了。反弹后的她很心塞，想着过去流过的汗、吃过的白菜居然那么不经用，一怒之下就放弃了，任由脂肪肆虐生长，体型随意发挥。

破罐子破摔果然是人类很擅长的技能。

其实烂摊子是无法绝对避免的，能做到减少已实属不易。在我看来，减少烂摊子的方法有三种：

第一，别太相信突破舒适区这码事，还是要尽量去做自己擅长、喜欢的事。

鼓励大家去突破自己的舒适区无可厚非，但界限很重要。你让我一个数学白痴去给别人补习，就算对方是小学生，我也能酿成一场误人子弟的巨大事故。你让一个喜欢研究数字、精于深度思考的人天天跑出去拓展市场、拉客户，这应该是某种意义上的"逼良为娼"吧。

我始终相信把自己擅长的事做好、做极致、做完美的意义和效果要远大于随意而肤浅的广博和全面。这本身就是极好的态度，极高的水平。后者往往会在你自以为是的时候就开始掉链子、捅娄子，然后一发不可收拾地成为烂摊子。至于做喜欢的事那就更容易解释了，最坏的结果是即便你捅了娄子，也愿意揣着爱屋及乌的心思去收拾残局。

第二，多一些警惕和悲观，少一些期待。

对凡事过于盲目乐观的人而言往往更容易被现实打脸。当然，我不是教唆大家去虚伪地唱衰，而是希望你大可勇敢、豁达些，用100分的力气去拼，但不要指望能获得80分的收获（千万别告诉我你依然坚信一分耕耘能换回来一分收获）。年龄越大，经历越多你越会笃信100分的力气能换回60分就算合格，换回80分就算大赚的真相。

第三，补救技能要跟上。

请记住下面这句话：这世上不存在万无一失的准备。即使你的刀磨得再锋利，对森林再熟悉，对树木硬度了然于心，都还有一种"万一"——一道闪电把整片森林都烧光了。所以，"工欲善其事、必先利其器"的后面还应该加一句：别忘了多备点计划B。

你的后援是什么，靠谱吗？万一搞砸了，你应急的措施是什么？你能掌控住多大的窟窿……也许无数计划 B 依旧不顶用，但还有句老话叫聊胜于无。

最不济，在面临烂摊子时你得学会一项技能：一场生动、走心的认怂、道歉、下跪、痛哭、发誓。以上一系列高难度动作，请务必练习到能一口气熟练、完美地完成。相信我，你一定用得上！

人生不一定非要有所成就

　　L是我的高中同学，也是我认识的最聪明的女生。她创造了我们学校的两项纪录：高中三年月考都名列第一；高三旷课最多但依旧去了国内排名第二的高校。这两项纪录至今无人能破。高考那年L被保送去复旦，因为喜欢的男生在北京，L放弃了保送机会，考到了国内排名第二的高校。

　　我们所有人都认为L必将是一颗耀眼的星，功名利禄一定会成为她的囊中之物。但在几年前的同学聚会上，我从别人那里得知L在研究生期间辍学了，因为和导师不合。后来她嫁了人，全家移民去了新西兰，现在她在那里过着相夫教子的主妇生活。

　　还有汤姆，他是我老公实验室里流传至今的天才教授。博士毕业只做了半年博士后就被全美工科排名第十的大学聘作助理教授，用了不到三年的时间申请到一笔大额基金，然后成为系里最年轻的拿到终身职位的教授。就在大家半开玩笑半认真地赌他多久能拿到诺贝尔奖时，汤姆教授疯了，因为科研压力和家庭意外。现在他还住在疗养院里。

把L和汤姆称为天才不算过分，天才们尚且会因为意外或惯性泯然众人，就像《龟兔赛跑》故事里的兔子一样，输掉比赛，那我们像乌龟一样的普通人还有奋斗的必要、翻身的机会吗？毕竟在现实生活里，不是每次比赛兔子都会打瞌睡输掉比赛的。

•努力不是"限量品"，而是一种生存态度。

大多数人的一生都在挣扎着与碌碌无为做抗争，因为"平凡"二字太容易让人颓丧，为了摆脱它，我们不停地让自己陷入忙碌和努力的状态。可忙忙碌碌和碌碌无为之间从来都不是正向关系，就像"努力"和"成功"之间也从不该画上等号或约等号。那些真正成功的人只是把"努力"当成一种生存态度——这是一个人立足于世应该有的行为；而普通人却把"努力"看作限量品，它偶尔现身一次，就把自己感动得热泪盈眶。

不是天天加班、熬夜赶项目、频繁出差就"应该"获得职场上的成功，那些职场上"混"得风生水起的人无一不是在加班、熬夜；

不是每天健身、定期清肠、参加铁人三项就"应该"得到一个好身材，那些对自己健康负责的人认为这不过是一个正常的态度。

成功的人不追求"应该"，只把别人眼中的锦上添花看作本该如此。他们明白"努力"和"成功"二者之间有关联，但绝非因果关系。

如果你渴望并正在追求成功，只有当你把"努力"和"忙碌"用稀松平常而非大鸣大放的态度去对待时，将来在面对一无所获这样的结局时，你才不会后悔自己曾经付出过、认为一生无所得。

• 定义成功比追求成功更有意义。

我的一个朋友，他父亲在国内二线城市有自己的企业，只要他想，毕业后按照父亲铺好的路去走，这辈子都可以过得高枕无忧。可研究生毕业后，他不顾劝阻放弃了家里的安排，靠自己的实力进了研究所成了一名赚得不多、干得辛苦的工程师。七年过去了，和他在一个圈子的朋友靠着父母的关系成了处长，占据了最有实权的岗位，而他还只是一名因为单位名额有限连升任高工都有困难的普通工程师。

他选错了吗？

从表面上看我朋友似乎错得离谱。但他从小见过在父母这个圈子里的，今天还被自己称作"王叔叔""李阿姨"的人，明天就成了阶下囚；他也尝过父母因为工作应酬，一年365天里有2/3的时间都在饭桌上和别人一起度过，只有保姆陪他过生日的心酸。他现在选择的生活，至少可以安稳踏实睡觉到天亮，准点下班陪老婆孩子吃晚饭。

我们渴望马云、王健林那样的成功，但不能说世上只有那一种人生才算成功。对一位清洁工来说，当他用自己超强的整理术和清洁方法让又脏又乱的办公室恢复整洁，为第二天上班的人创造一个舒适的环境时，他的工作就是有意义的、成功的。即便"打扫"这件事在白天上班的人眼里看起来无足轻重。

权力、名望、金钱可以作为成功的一类标尺，但"能做自己喜欢做的事且能只做自己喜欢做的事"也是成功的一种度量衡。

• "你非要有出息"是个假命题。

话说回来，如果我尝试了、努力了，最后还是成为一名普通人，是不是自己这辈子就是个悲剧？

如果我们为自己营造的是一个"没有伯乐""怀才不遇"的生活氛围，并在这样的氛围下郁郁而终，那这辈子的确是个悲剧。可如果我们愿意承认自己的平凡，然后去做一个踏踏实实、不断上进的"本分人"，至少你的生活和内心是自洽的。最糟糕的一种生活就是明知自己庸碌无常却还想着"翻江倒海"。

其实我们大部分人很难成功是因为在衡量出人头地这件事的时

候根本算不清楚代价和风险有多大。如果你追求的成功是有闲钱买买包、看看歌剧，休假的时候狠得下心来去趟欧洲七日游，靠着家里的首付和自己三十年的房奴身份在北上广弄了套房子，这根本就不算有出息，它们充其量只能是"过得还行"。真正的成功和成就远多于此，代价也远高于此，它需要你揣着粉身碎骨的冒死精神和失败后被众人耻笑的可能，从头再来、一步步匍匐前行。

所以，在我们追逐成功前先问清楚自己，到底想要的是"过得还行"，还是真正的成功？

再回到文章开头提到的《龟兔赛跑》的故事，其实这是一场极其复杂的比赛，犹如人生。

BBC Earth 栏目曾和一些专家专门家探讨过这个问题，比赛的输赢需要考量以下几个方面：

首先，龟兔赛跑必须考虑比赛的类型。我们知道，比赛不同，要求就不同，参赛的选手也就不同。美国亚利桑那大学保护遗传学家泰勒·爱德华兹说，如果我们把比赛分成三种，那么每种比赛可能都会有截然不同的结果。

在短跑比赛中，倘若兔子的奔跑速度能够达到 50公里～60 公里/小时，那么兔子便可轻松获胜。

其次，如果是耐力比赛，龟兔之间就可能更加势均力敌。爱德华兹解释说，沙漠陆龟能够在恶劣的条件下坚持长途跋涉，一些长耳大野兔也可以，这些兔子也能很好地适应沙漠环境。"如果我们看到的龟兔能力不相伯仲，这样的比赛可能就比较公平了。"

而在爱德华兹所说的第三种比赛中，乌龟会获胜，这是一种改良后的比赛。长耳大野兔距今最多只有四万年左右的历史，而跟乌龟同属一族的海龟则有两亿年的历史（乌龟本身的历史有六千万年到八千万年）。他还说，再加上漫长的寿命周期，它们肯定会遥遥领先于这类比赛。

另一位研究人员纪尧姆·巴斯特里－卢梭，来自美国纽约州立大学，他是研究加拉帕戈斯群岛巨龟的专家。他也赞同一切取决于赛跑的距离。"如果比赛的时间是一个多小时，那么乌龟根本赢不了。"但是如果要将漫长的寿命都赌上，他相信乌龟会赢。

所以生物迹象都表明：驽马十驾，功在不舍。用漫长的一生坚定向前，就一定能跑得赢。努力的价值不只是鸡汤的功效。

不过聪明人不一定都是成功者，但一定是在权衡自身所能承受的风险和付出的代价后，能够找到一个舒服的位置去生活的人。就像《生活大爆炸》中霍华德说的那样："不是每个人这辈子都能功成名就，我们大部分人不得不去接受从平凡生活里找寻人生的意义这个事实。"

为什么你没想象中成功

十年前大学毕业时，我和许多毕业生一样，迷茫的同时又觉得自己前途无量，世界虽然无边，但可以靠着自己的脚步一寸一寸去丈量。借着这种没来由的自信，想着工作三年内成为团队主管，拿着六位数的年薪带父母去马尔代夫的沙滩上晒太阳。工作一年后，加过无数次班，有过两次10%的薪资涨幅，小小升迁过一次后，看着部门经理、区经理、区域经理、大中华区总监这样一长串头衔以及每一个头衔背后相匹配的三年、五年、十年，才知道马尔代夫离自己还很遥远。

28岁时，算算自己还有七百多天就要到达传说中的分水岭了，希望自己在30岁这天做一件于人生而言有意义的事，比如，给热爱文字的自己一个交代，能够接到出版社的出书邀请，能够为喜欢抽烟的父亲每个月买一条中华烟，能够让爱美的母亲每半年飞次日本做次美容。后来，30岁的这天我照旧像往常一样吸着雾霾，挤着地铁去上班了，想象中的美好一样都没发生。

小时候我们都有过美好的野心，18岁进入一流大学，25岁开始有自己热爱的事业，35岁实现财务自由，然后遇到非他不可的那个人，一起去环绕地球，累了就择一城，看山看水看夕阳。总之终其一生都自由、快活。这才是不白活的一生。

而现实是，想象中的美好总和自己有万里之遥，每一天都像30岁的生日——平凡、仓皇，无意义。为什么现实中的我们没能像想象中那样成功？

• 因为并不是真的想成功。

永远是最后一个离开公司的人，下班再累也坚持读五页书，节假日不是进修就是在进修的路上，每天都会了解行业内的最新趋势，坚持和业内大牛定期沟通交流，我怎么可能不是真的想成功？

在迈克尔·乔丹的传记——《Playing for keeps》，这本书里提到过一个小故事。有一位教练在一次篮球赛上看到赛场上的9个球员都在"例行公事"，而只有一个孩子在全力以赴。这位教练看他打得那么拼命，以为这个球队正以1分落后，而比赛还有两分钟结束。然后他扭头看了一眼记分牌，发现他的球队落后20分，而比赛还剩一分钟！这个孩子就是乔丹。

乔丹、科比、C罗、菲尔普斯、博尔特这样的世界顶级运动员无一例外对赢充满了巨大的野心。在他们的世界里，对失败的痛恨远超过优秀的运动员。"不过是一场比赛，还有下次"是常人的思维，因为我们认为人生是一场马拉松，你跑赢前100米不重要，重要的是能坚持跑完全程。但对于顶级运动员来说，他们既要职业生涯的漫长，也要每一次比赛的赢。

有多少人能在败局已定时还坚持顽强反抗？聪明人说他们愚蠢，不懂变通，就像我们在工作中都会遇到被领导否定方案，遇到和同僚竞争失败，然后就开始感叹人心不古、生之艰辛，开始蜕变成"老油条"，让自己符合趋势，过得舒坦些。但只有那些真正想赢的人他们知道，为了赢，可以做任何艰苦、突破极限的事情——不管是科比看到的洛杉矶凌晨四点的样子，还是博尔特训练到变形的双脚。

• 因为总是在等。

对于从事媒体工作的人来说，2016年是让人羡慕嫉妒恨的一年。这一年，宇宙第一网红咪蒙的头条广告能卖到65万；蹿出个Papi酱用发布在网络上的视频"卷走"了1200万；还有更猛的——知名星座博主同道大叔一夜套现1.78亿，成为30岁以下的创业新贵。这不免让人产生一种错觉：得来全不费功夫嘛。

而真实情况是：咪蒙日更2000字～5000字的文章是10年前她在南方报业工作时打下的基础；而毕业于中戏导演系的Papi酱从10年前就开始担任娱乐网站的网络主持人；成为高富帅的同道大叔，更有从清华美院毕业的功底。

可有真水平的人多了，为什么只有这几位能成功？我想是因为他们特别擅长"见缝插针"吧。平时练功夫，碰到趋势、浪潮和机会马上把功夫搬上舞台，发光发亮，而我们普通人却只会继续观望，等待天赐良机。

其实哪有什么良机，不过是看谁比谁更能快、准、狠罢了。

• 因为不够过度自信。

这个时代，似乎自信已经不那么好用了，必须要过度自信才更有成功的可能。

过度自信者们能高估自己的能力，敢于尝试去做很多能力范围之外的事情。根据2011年发表在《自然》上的一篇论文表明，就平均值而言，过度自信的人比能正确评估自己能力的人更容易成功。引用万维钢老师的话来说就是有种"侥幸的成功"。

过度自信的人不太去计算风险，遇到机会先做了再说。由此可能产生三种结果：运气好，碰到胆儿小的恰好没人争，白赚；有人和你争，但能力未必比你强；当然，第三种结果就是惨败。但有很多时候是太有自知之明的人还在计算成功的概率时，过度自信的冒险者已经捷足先登了。

看看那些明着暗着号称要改变世界的人：比尔·盖茨、谢尔盖·布林、扎克伯格、乔布斯、马斯克，哪一位不是自信心和冒险精神喷井式爆发的人。这个世界是属于冒险者的，他们会比"正常人"有更多的失败，但只要还活着，就会继续努力，最终成功的可能性也比通常人大很多。

反观自身，在面对机会、挑战、风险和决定性选择时，通常是自告奋勇、挺身而出？半推半就？还是干脆抱着"小富即安""知足常乐"的想法，就此满足于现状？后两者我见过很多，我也是其中的一份子，所以我们的世界才被选择前者的那20%的人掌控着，留下一点空间让我们剩余的80%的人争立足之地。

老话说得好，没有人能随随便便成功。所以才要带着"不随便"的态度，向前，披荆斩棘！

感到迷茫，其实是件好事

应该是近两年，我才终于接受"迷茫"不是个"恶魔"这件事了。

学生时代我和大多数人一样，成天活在迷茫的魔咒里焦虑不安。一方面觉得青春无敌，大好人生才刚开始，没什么好惧怕的；另一方面，想到美好的生活虽然即将开幕却也没个方向，就觉得一辈子漫长得有些多余。

的确，如果自己的生活方向一直云里雾里，就像在大雾天里开车，即便这条公路没有别的汽车和你抢道，也会因为看不见前方的路而担心自己是不是下一步就要掉入万丈深渊。更何况，公路上有的是大把的汽车，大家都是摸黑往前开，谁知道下一起事故何时会出现。就像迷茫的青春，几乎每个人都有雄心万丈却又不知下一步该往哪里走，彼此凑在一起，最终感叹又感慨，于是更加焦虑了。

其实大可不必担心，因为迷茫并不是青春的专属。即便褪去青涩，长成了一张大人脸，有了稳定的工作、幸福的家庭、七拼八凑出安逸的生活，迷茫还是不会离你而去。否则，那么多中年危机就来得莫名其妙了。

人，大概只有迈入老年后才不会觉得迷茫，不是因为年龄够大智慧够多，主要是因为要开始整顿心情去面对死亡，没工夫再玩年轻人的这套小把戏。

和人生中的很多事情相比，"迷茫"的确是小把戏。比如，即使再迷茫，肚子饿了一顿不吃就是天大的事，这个时候迷茫也要先给肚皮让位；即使再迷茫，想想考试或项目的最后期限迫在眉睫，也实在是耗费不起精力迷茫；放眼望去也没几十年就要面临大限将至这个问题，连死都被自己担待着了，扛下区区迷茫又算多大的事儿呢。

没有对比，就没有接受。

我之所以不再担心"迷茫"这件事，倒不是因为我的方向清明、通畅了，而是，我发现即使一直迷茫，只要不沉沦，生活也不会待你太薄。甚至冥冥中，自有力量牵着你走上一条路，然后，不知不觉，那条路就成了你人生的正轨。

就拿我来说吧，一直是个没什么想法的人，或者应该说没什么能力去规划自己的未来。即使心血来潮定了目标、做了计划，能坚持一周已属奇迹。我从没想过毕业后应该在哪座城市生活，在什么样的公司上班，从事何种行业，在哪里安居，嫁给什么样的男人，秉持什么样的信念和原则去维持这段关系，准备到什么程度才够资格迎接孩子的到来，有了子女该怎样去教育他们，做些什么才能够维持够品质的生活，如何让中年的自己升值。

可以说，我完全是在凭任性和直觉做着人生中一次又一次的重大选择。无论是选择工作、定居城市、找到另一半，还是跑到美国来，调性只有一种：稀里糊涂。这四个字简直就是我人生的指南针。

可走到今天，我发现即便一直迷迷糊糊地过活，生活也待我不薄。当然，从物质方面来说，远够不上标配的"好生活"，但从内心来说，我着实喜欢自己的人生，每次回过头去看当初的选择，能欣然接受；问自己"如果当初……"这样的问题，答案始终都是能走到现在这一步就是最好的。

迷茫着，却还能对现状满意，这难道不矛盾吗？看上去既像笑话，又像谎言。

其实"迷茫"和"满意"之间完全可以不矛盾，甚至能够理出一条很顺滑的逻辑链：虽然迷茫着，但因为也努力着，所以并不会觉得现在的生活不好。

明白了吗？让我们心安的从来都不是目标的确定性，而是追求的过程。迷茫从来都不是立个旗帜就能缓解的，而是你得自己扑腾起来，即便没有一杆旗杆在前方。

为什么扑腾起来非常重要？

一个很重要的原因是，它能耗光你大部分精力，让你没力气再去"迷茫"。

所有那些"我从何来""将去何方"的形而上的问题，始作俑者都是尚且有闲。如果你需要应付铺天盖地的问题，根本无暇翻出"迷茫"这个标签贴给自己。没发现吗，"中年危机"只有在已经取得过些许成就的人身上发作，他们有时间停下来去思考"如何让未来的自己能像过去的自己那么厉害"这个问题。

另一个原因是，生活的确是无常的，无论是苦心追求还是刻意安排，它都会甩你一脸意外。

当然，我不是劝你去过无目的、混乱的生活，能够把自己的一生安排妥帖、周到有时是需要一些勇气的。否则我们干吗要急着放弃一份安稳的，能看得到30年后自己的生活长什么样子的工作，或者一个让你约会一次就能看到婚后只有锅碗瓢盆生活的伴侣？过这样整齐有序的日子，真的就比因为未知和迷茫而产生焦虑的人生更高级吗？

关键不在于生活方式，而是只要你在持续扑腾，就有机会打破迷茫，或者迎来新的未知和焦虑去代替以往。

如果你能安然接受迷茫只是一件稀松平常的事——我们总会在某个阶段陷入或长久或短暂的迷茫；抑或，即便你理清了人生的大方向，也难免要在某件事上迷糊一会；更何况，活得多明镜儿似的人，也难免在午夜梦回时怀疑几分钟自我——就像感冒一样，你不把它看成巨大的压力，它也就不会轻易让你去尝到焦虑的滋味了。

况且，你真的听过因为迷茫而让自己的人生陷入僵局的故事吗？我是没听过，反倒是自己无心插柳、歪打正着、稀里糊涂取得成功的故事听了不少。那样的成就肯定不会只凭借运气，但你说他们仅仅是因为经过精心刻意的规划后得到的，我是不信的。

有时候，就是得带着些撞大运的期待去扑腾翅膀，人生才能柳暗花明。

所以，当你还在因被迷茫缠身而苦恼时，你应该感到开心，因为这至少说明：

第一，你还年轻，有心思去体验迷茫。

第二，你还有无数种人生可以去期待。

第三，你应该不算很忙，尚有空间去努力扑腾。

你以为的"能者多劳"是一种"病"

"小张，你上次和这个客户打过交道，有经验，帮忙看看这次我给他做的方案行么？"

"小张，我要去参加女儿幼儿园的毕业典礼，剩下的PPT就麻烦你帮我做一下吧。"

"小张，与A团队的会议你也一起参加吧，作为旁观者给提点意见。"

"小张，这个项目急着要，今晚帮忙加加班把项目赶出来吧。"

……

类似上面这些"请求"，你在工作中没少听吧。事不关己，本可以爽快拒绝，但他们总会给你戴一顶高帽子——能者多劳。于是，你乖乖地"束手就擒"。

"能者多劳"应该是职场中最美丽的一个陷阱了。八竿子打不着的事，只要同事或领导安利一句"能者多劳"，瞬间就可以让你化身成为蜘蛛侠，扛起"能力越大、责任越大"的旗子去助人为乐。"能者多劳"这四个字里包含着某种夸奖：我能干人家才麻烦我啊，要是庸才谁理你？这几乎是个无懈可击的糖衣炮弹。

但长久以来，我们都对"能者多劳"会错意了。

"能者多劳"出自《庄子·列御寇》："巧者劳而知（智）者忧，无能者无所求，饱食而敖游。"本意是能干的人做事多、劳累也多；它还有另一层含义，指能力强的人酬劳也应该多。现实中，公司、老板、同事，甚至我们自己都只把第一层含义用得炉火纯青，完全忽略了第二层含义。

的确，有能力的人在职场或生活中常常被赋予更多的责任及期待，但多出来的这些责任和期待应该是有偿的，职场上不应该有"活雷锋"式的人物存在。能者多劳没有问题，但后面还应该接一句"多劳多得"。

如果你还沦陷在"能者多劳"这个美好的陷阱中无法自拔，那要小心了，因为"多劳"的未必真就是"能者"，也可能是"有病"。

也许你真的是"能者多劳"，但过于"多劳"容易让自己迷失目标和方向。

既然是"能者多劳"就一定涉及到多任务处理，而多任务处理的一大坏处就是容易享受数量堆积起来的满足感而丢弃了最需要去完成、解决的事。

我的一位朋友在一家专给企业做培训的公司工作，他的本职工作是搭建培训体系，但因为老板给她安利了"能者多劳"，他最后莫名其妙变成了一名销售。

老板觉得既然培训体系材料是你编写的你应该最能说得透，所以内部培训的工作就交给你来做吧，于是他担负起了给自己公司做内部培训的工作。

做完内部培训后，培训部的人又觉得你应该把销售部的人也培训一遍，这样他们在售卖课程时才能更加准确地介绍内容，于是我这位朋友又和销售部门扯上了关系。

给销售部的人做完介绍后，领导觉得既然你能把咱们的产品讲得如此到位，那和×××公司谈合作这事儿就你来吧。

最后我这位朋友的本职工作反而因为这些"多劳"而耽误了进度，挨了上司的批评。

虽然现在的职场讲求"T"型人才——既有"一"的广度、也要有"丨"的深度，但那条竖线才是每个职场人安身立命的本钱。

"一个人成为一支队伍"，这支队伍的质量一定不怎么高。

况且，"能者多劳"的人未必真的会因为被当作"能者"而开心。

美国杜克大学、乔治亚大学、科罗拉多大学曾合作调研过一个项目，他们想研究当每个人都找职场中的"能者"解决问题的时候，"能者"的心理感受如何。调研结果显示这些"能者"其实并不开心。

对"能者"而言，他们会觉得有时候这些期待、"寻求帮助"是负担；而且在薪资同等的情况下多劳只会让人心生不快，能力强的人会觉得不公平；此外，人们通常会低估完成任务所需付出的心血，当"能者"帮忙的任务出现状况时还会反受责备。

帮忙无偿、责任我扛，该问一句"凭什么"。

另外，"能者"往往也是"过度承诺"患者。但有时候"能者"包揽了过多的事情，而自己的实际能力、精力等却未必应付得来。并且过度承诺患者因为"大包大揽"很容易使自己长期处于焦虑状态，而焦虑是很多生理疾病的始作俑者，比如抑郁症、糖尿病、失眠、免疫系统疾病等。

除此之外，过度承诺患者在心理上也会反映出一些问题，最主要的问题在于他们对自己的行为或其他方面的界限意识很模糊。

所以，下一次有同事、上司给你戴"能者多劳"这顶帽子时，自己先要评估一下脑袋是否能够、以及愿意撑得起这顶帽子。

在"不能够"或"不愿意"的情绪下还答应对方，不是能者而是伪能者。而不做伪能者是生活和工作中的必修课。这堂课需要请求方和当事人共同参与。

作为请求帮助的一方来说，如果对方在你眼中真是"能者"请给予真正的尊重，而非只是说漂亮话、灌鸡汤。"真正的尊重"就是对得起对方为你额外所付出时间、精力、资源。如果对方需要钱就请给他真金白银，想要更高的头衔就请提升他的职位，想要赞美就请不要吝啬你的夸奖之词。

能者多劳、多劳多得才是最有诚意的感谢。

作为"能者"自己来说，需要辨识清楚自己是真的想要做多劳的能者，还是只是那个不好意思拒绝、习惯了大包大揽的伪能者。

解决这个问题需要找到自己人生信条里的关键点，也就是三个"最"——最主要、最想要以及最需要的是什么？

比如，如果你此生追求的就是"放荡不羁爱自由"，那就没必要用客气、乖巧的面孔去对待亲戚们的逼婚、逼子。

如果你上班的目的就是尽自己最大的努力赚老板的钱，那你需要的是玩儿命赶项目、伺候好客户，而非赚办公室里"人真好"的口碑。

　　毕竟，生活中做最真实的自己、职场上做最强大的自己，才是真正的能者。

让你的选择更高效

　　从前有一只驴，它站在两堆看起来一模一样的干草中间，它本可以在两堆干草中自由选择一堆成为自己的美餐，但最后，驴子因为无法决定到底应该吃哪一堆而活活饿死了。

　　这头驴子有一个著名的名字——布里丹之驴。这个名字的由来源于14世纪唯名论的哲学家让·布里丹。他提出了一个重要的观点：有时自由意志反而会导致"无法作为"，即一种由"不确定性"和"过量的选择"造成的"选择决策能力的丧失"。

　　选择决策能力的丧失，在今天有个流行的说法叫选择恐惧症。

　　生活中时刻都充满选择：午饭吃什么？去哪家店吃？喝拿铁还是热可可？第一次约会穿哪件衣服合适？我该去选择父母帮我找的工作还是去北上广拼拼？要和他分手，还是继续磨合一下再看看？

哥伦比亚大学教授希娜·艾扬格以研究"选择"而闻名，根据希娜的统计，一般成年人每天大约要作70个大大小小的选择；一个企业的CEO，日理万机，千头万绪，平均每个抉择只有不足9分钟的考虑时间。

可见，"生活就是不断地做选择题"这句话还真不假。

讽刺的是，"选择"本身却让很多人充满了恐惧。成为了当今社会流行的4大心理疾病（抑郁症、强迫症、拖延症、选择恐惧症）之一。为什么我们会惧怕选择？源头可能来自三方面：

第一，与从小生长的环境有关。

患有选择恐惧症的人有很大一部分原因在于内心缺乏安全感，它常与拖延症、完美主义者、自卑者这些标签产生关联。

通常这些人的成长环境习惯了被权威控制，压力和否定与之伴随成长，所以他们习惯了被动和顺从，害怕在心理上为选择的结果负责，因为有"权威"一直在帮他"做出正确选择"。他们习惯了执行，而鲜少去停下来想想目标和自己的意愿。当他们突然要面临自主选择时，就会不知所措、担心后果，导致难以做出决策。

最典型的代表就是，过去，在中国成绩一直很好的学生进入大学后或即将毕业时，有了自由选择的空间，却不知所措，时常感到迷茫、郁闷。

第二，习惯高估"选择"的意义。

"选专业真的很重要！"

"第一份工作的选择太重要了！"

"选对结婚伴侣是件终身大事！"

类似的话，我从小到大没少听。因为我们习惯认为很多选择是重大的，甚至致命的，所以不敢轻易做出决定。我们一定要坐在自己人生的驾驶座上，每个选择都要深思熟虑，高瞻远瞩，步步为营。不幸的是，身为人类，我们对能把控的事物太有限，科学家告诉我们，在做选择时，我们常常犯错。

因为我们无法准确预估未来的体验。绝大多数决策，其实都由脑海中对未来的描绘所决定，这种构建依靠的往往是基于过往经验所做的迅速情绪反应、有意识的回忆和评估，以及勾画出未来愿景的享乐程度。

当人们过度关注眼前的事情，就会高估这件事对自己的影响，无论是强度，还是时长。例如一场比赛的胜利，或是考试的成功，可能并不如我们想象的那样"决定自己一生幸福"，随着时间过去，人们多少会质疑自己当初选择付出的时间精力是否用错了地方。

还有很重要的一点在于"世事难料"。即便你很看重某次选择，为它做好了万全之策，但你心里明白这世上根本没有所谓的"万全之策"，任何时候都可能发生意外。

第三，选择太多。

关于"选择"，希娜做过一个很经典的实验：在超市的桌子上给顾客提供6种或者24种果酱让大家免费试吃，然后统计他们试吃的种类数目以及试吃后的购买意愿。

结果显示，无论选择数量是6种还是24种，人们都只会品尝其中的一两种。此外，选择的数量影响了人们的购买意愿：面对6种选择时，有30%的人真的购买了其中的一种果酱；而面对24种选择时，却几乎没有人愿意掏钱购买。

这是因为太多的选择，反倒让我们无力、不知所措，而不是感到自由。这听起来似乎有些自相矛盾，但社会科学家施瓦兹在其著作《选择悖论》中把这种现象称为"认知负担"——过多的选择造成了对认知过大的需求，使我们感受到认知的负担，从而降低了去做选择的能力。

此外，这种动力的降低还和人们不能理性地计算机会成本有关。当我们做出一个选择时，必然要付出一定的"代价"。无论怎么选，我们能够占有的选项始终只有一个。因此，我们计算机会成本时，应该只把"除了这个之外最有吸引力的选项"计为机会成本。但非理性的人会把所有存在的选择都计算在机会成本内，他们认为自己在做出一个选择时失去了很多其他选择，所以迟迟不做决定。

选择越多，就越容易去想象那些你放弃了的选择可以为你带来哪些美好，这无疑会给自己做出选择制造负担和困难。

而且随着选择增多，人们的期望值也在增高。根据心理学家巴里·施瓦茨的看法，后工业化时代，临床抑郁症发病率甚至自杀率的增长也与这种"高期望"有关。因为，当世界给了你非常多的选择，而你仍然不富有、不成功、不快乐。

其实关于选择恐惧症，我的看法向来比较简单粗暴：要么没钱、要么没胆。

试想一下，如果你有足够的财富自由，还会纠结到底是买CHANEL还是LV吗？还会纠结到底是去欧洲游还是马尔代夫吗？还会纠结到底是吃高级日料还是神户牛肉吗？

统统全要啊！

我们选择困难，在很大程度上是因为没钱才会去纠结，希望选出性价比最高的那一个。

另一种惧怕也许与钱无关，而是我们太害怕冒险，不敢承担风险，想到失败的可能性就退缩，把头埋在沙子里，所以才在一次又一次的选择中踌躇。可在这个世上，有谁的人生是经历过一次错误的选择就会再无翻身的机会呢？

错过了"第一次"还有"第二次"，除非你拒绝前行。

当然，也许有人会说你这两种结论都是"站着说话不腰疼"，现实是我们没有花不完的钱，也的确想规避最大风险。这要如何破除选择中产生的恐惧呢？

第一，了解自己的需求。

在施瓦兹的著作《选择的悖论》中，他提到了三种人：满足者、完美主义者和最大化者。

最大化者追求最极致的好，并且只接受最极致的好；完美主义者也追求高标准，但并不期望一定达到，如果没达到，他们并不会像最大化者那样忧郁、懊恼、痛苦；而满足者们，只要"足够好"就行了，哪怕他们知道有更棒的结果存在，也不担忧。

所以，试着去追求"足够好"而非"最好"，以满足需求为目标，可以减轻焦虑和压力。

第二，减少选择。

过多类似的选择，除了令当事人混乱之外，其实很多时候并无实际需要。

日本著名管理学家大前研一在著作《Off 学》一书中提出，与其多花时间在购物的选择上，不如花心思寻找属于自己"标准"的物品。一旦寻获，只需不断重复购买相同的物品，便不会有购物的烦恼和时间的浪费。作者的"标准"物品由日常用品包括牙刷、洗头水等，到早餐的泡饭材料包，再到随身物品，例如一用20多年的Tumi品牌公文包，既适合出差又可以跑步的"健走鞋"，和他自己设计的无须打领带的企领恤衫等等。

这与史蒂夫·乔布斯不谋而合。自从他发现了好友设计师三宅一生的黑色Turtlenecks（高翻领）衬衣之后，便把它当作自己的"制服"。据沃尔特·艾萨克森在《乔布斯传》一书中透露，三宅一生应该给乔布斯订制了过百件的黑色Turtlenecks。

第三，尽可能通过可靠的信息源去了解每一个选择的信息，评估它可能带来的后果。

我们可以尝试分门别类去"甄别"选项，让自己更有效率地做决定；然后由浅入深地去分析。不妨先由较容易做决定的选择开始，由浅入深慢慢推进，可以大幅度地减低当事人中途放弃的比率。

第四，转变思维，不要陷入非A即B的选择怪圈。

纳西姆·尼古拉斯·塔勒布在《反脆弱》一书中提出了一个"杠铃策略"——你不应该去接受中等的选项，而是应该同时去选择两个端。比如在投资的时候，一部分钱去搏高风险高收益，另一部分找最稳妥的投资，这要比把钱投在中等风险和收益的渠道上要好。

生活中的选择也一样，一方面你可以接受很廉价的东西，另一方面你应该去追求最好的东西。因为每个人所拥有的资源是有限的，这个资源可以是时间、金钱、精力，甚至是你的热情，你只有在有些事件上接受一般甚至糟糕的结果，你才有足够的资源在另一些事情上去追求更好的东西。

第五，降低对选择结果的期望，以及把目光收拢到我们自身身上，减少对周围人正在做什么、得到了什么的关注。

有时候我们难以做出选择，是因为对选择后的结果充满了过分的期待或过于悲观，事实上有很多选择并不会让我们的生活有翻天覆地的变化。而有时候我们难以做出选择，纯粹是因为太关注别人做了什么、太在乎别人对自己的看法。

曾经看到过这样一段话："有人会因为无法做出决定就推迟决定，然而实际上推迟决定恰恰是最差的决定。在推迟决定期间，时间悄悄流逝，你却没有任何一条路上的积累，白白浪费了时间。如果你有一些钱不知道花在A还是B上，你先不做决定，没问题，因为钱还是你的，但如果你有一些时间，不知道花在A上还是B上，不行，因为过了这段时间，这段时间就不是你的了。"

　　因此下次举棋不定时，不妨把要做选择的那件事看成是手中有限的时光，大部分时候，你怎么选都比不选择要好。

第四章

◎

社交焦虑，
你的人脉只需要五类人

你的人脉只需要五类人

前两天和父母吵架，特别想找个人聊聊。把微信好友从头到尾拉了两遍，都不知道该找谁倾诉。其实这些"好友"里还是有一些真正的好友的，但A最近才生了娃，还在坐月子；B正在西藏洗涤灵魂；而C是个工作狂，估计这个时候还在加班……

我的微信好友里有真正的好友，有亲人，有工作伙伴、客户、业务往来的合作者，有我尊敬的人，也有泛泛之交，甚至不乏一些说"你好"后就再无下文的陌生人，这些人加起来有660人，可我居然找不到当晚能帮我解决问题的人。再翻翻手机通讯录上的人，2/3的号码已经一年以上没有联系了，还不如10086联系得多。

这是一个"人到用时方恨少的时代"。充电5分钟的手机有了，却再也没有能够通话两小时的人；微信好友成百上千人，却找不到一个说正经事、知心话的人；平时对话称"亲""宝宝"的人，很多却连真正的名字都不知道。

自己每一天都和很多人沟通、聊天，一派热热闹闹、应接不暇的景象，以为自己好友遍布天下、广结四海善缘，有着所谓的好人缘、优质人脉，殊不知，自己可能已经陷入了"假社交"。

关于"假社交"，王小波在《青铜时代》中曾写过这样一段话："在我的身边，总有一股热乎乎的气氛，像桑拿浴室一样，仿佛每个人都在关心着别人。你千万别把这当真，因为如果他们不关心别人，就无事可干。"

这多少道出了一些我们现在热火朝天追捧的名词"人脉""社交"的问题所在，即你的"人脉"有多少是真正有用的、实在的、互惠的？无非只是为自己的"好人缘""交际广"博个虚名。

"人脉"就和"自律""终身学习"这些名词一样，已成为这个时代最热门的名词之一。任何一个希望自己进步的人都不会落下在"人脉"上的修炼。即便我们听过很多TED上关于交际、人脉的演讲，熟读许多本"如何打造自己的人脉"类的自助书籍，参加过很多"经营人脉"的微课或讲座，事实上，大部分人还是没什么高质量的人脉可言，永远觉得自己身边少一个给力的人。

我们之所以很难搭建起高质量的人脉，是因为对"人脉"二字产生了两个误解：

误解一：以量取胜。

经常看到一些文章、书籍，在关于如何积累人脉时会给出这样的建议："尽量多认识人，无论现在看来这些人对你是否有用。能进入你人脉的人一定是你认识的人。""多认识朋友的朋友——二度人脉，即直接不认识，但是有共同认识的人。然后将二度人脉发展成一度人脉，必要时可以让朋友引荐。"

看上去没什么问题，可正是因为采用了这类建议，我们才会给自己累积了大量"无效"的人脉。如果你不清楚自己为什么要结识这个人，未来你"用得上"他的概率也很小，他只不过从过去你不知道的陌生人变成了现在你社交软件里的陌生人，其本质都是陌生。

也许"累积"人脉这个说法本身就有些问题，一段关系的建立、升温——尤其是合作伙伴，不是靠时间"熬"出来，而是本质上你们是有所图的，无论是要共同获益，还是一起完成某个目标，实现某种合作，都需要你们先有一些"基础""共识"打底。

因此，跑量的人脉等于没人脉。

误解二：不看重交情，只看重相互需求。

很多人认为所谓的"人脉"就是信息交换、利益互惠。虽然务实得有些冷血，但也是大实话。因为认准了这一条，所以总有一种有事说事、没事勿扰的气质笼罩在你周围，觉得彼此的关系中只有利益均等，鲜少感情的成分在其中。

但"人脉"不是说一就是一的事。但凡涉及人，就绕不开情感、情绪、看法，这些很主观、感性的东西。在人脉这件事上大家都喜欢强调对事不对人，但"人脉"的全部首先是"人"，所以一定有"对人也对事""对人不对事"的情况。

因为工作关系，我认识了一些编辑。每次稿子被选用，从修改、排版到刊发，编辑们其实都会付出很多精力。所以，领到稿费后我都会给帮我改稿的编辑发个红包表示感激，数额不大，就是一杯星巴克的钱。

我的初衷很单纯，就是觉得有人帮助了自己以礼相待是应该的。可有些编辑会误解我的用意，以为我在用红包"收买""贿赂"他，好给自己多争取一些发稿的机会。

我真想告诉她们，即便怀疑我的动机，也请不要怀疑自己选稿的水平好吗？

在这类编辑看来，我们之间只有单纯的"稿子与稿费"的关系，完全谈不上一丁点人与人之间的情感。

人脉建立在价值交换上诚然不假，然而没有一个人是绝对理性的生物，"价值"二字有时可能先建立在"我们还挺合得来""感觉你人不错"的主观感受上。价值或利益输出是建立人脉的捷径，但肯定不是维持人脉长久关系之策。人与人之间并非全是利益交换，利益与人情二者间应该取得平衡，这才是优质的人脉，否则当利益消失时，只有关系崩坏、人走茶凉的结局。

那么，究竟何谓高质量的人脉？又如何去建立高质量的人际关系呢？

高质量的人脉一定满足"有效"原则，即，每一个有效的人脉都意味着这条人脉会从你自己的身上获得等价值的资源，也就是说，你每拥有一条有效的人脉，都意味着你拥有等量价值的资源。这是一种自身投射（Self-projection）。

美国心理学家戴维·迈尔斯在著作《社会心理学》这本书里有这样一个人际交往回报理论：人际交往回报理论的第一个原则是：我们喜欢那些能回报我们或与我们得到的回报有关的人。如果跟某人交往所得到的回报大于付出的成本，那我们就喜欢并愿意维持这种关系。

但仅仅有效还不够，未必能够维持长久，对此戴维·迈尔斯说："人际交往回报理论的第二个原则非常简单：我们还喜欢与那些能让我们心情愉悦的人交往。"

一个对你能够带来很多价值的人，如果需要你克服很大的情绪，做很多心理建设才能与其交往下去，这绝不是好的人脉。为什么？因为不公平，不值得！记得上面那条原则吗？你们之所以能成为彼此的人脉，是因为你们能够为彼此带来相对均等的价值、利益，而并非你有求于他，低人一等。

在我看来，搭建高质量的人脉应该遵循这4步：

第一步，目标一定要明确、具体。

想清楚你为什么要建立这段关系。不要仅仅是"对事业有帮助""以后可能用得上"这类很模糊的目标，而是问自己"希望通过这个人具体获得什么资源、帮助"等具体的问题。

第二步，找准自身定位。

你需要对自己的价值、能力、贡献，以及愿意为这段关系付出的精力有一个准确的评估，这样对方才能清晰告知你是否也愿意"等价交换"。

第三步，清晰规划。

完成前两步后，接下来你需要问自己：我能从哪里开始突破？采取什么样的行动？我能接受的底线是什么？我希望达成的共识是什么？我对这段关系抱有多大期待？我是否愿意长久维持……

提前筹谋的越多，这段关系就会越趋于成熟、稳定。

美国社会学家马克·格兰诺维特认为，个人际关系网络可以分为强关系网络和弱关系网络两种，"强关系"指的是个人的社会网络同质性较强，即交往的人群从事的工作，掌握的信息都是趋同的，人与人的关系紧密，有很强的情感因素维系着人际关系，也就是"关系很铁"；"弱关系"的特点是个人的社会网络异质性较强，即交往面很广，交往对象可能来自各行各业，因此可以获得的信息也是多方面的，人与人的关系并不紧密，也没有太多的感情维系，也就是所谓的泛泛之交。格兰诺维特认为，关系的强弱决定了能够获得信息的性质以及个人达到其行动目的的可能性。

其实无论关联强弱，我认为一个能被称为高质量的人脉应该配备以下5类人才算齐全：

第一类，能谈正事的。

何谓正事？寻求意见、委托办事、请求帮忙都算，只要不是你无聊想一起打发时间的人，或出于共同爱好而非利益去玩耍娱乐的人，基本都算。在谈正事这方面，我认为优先选行业、领域里厉害的人先于选信任的人，因为你需要的是信息、资源和理性，而非给自己的情感和情绪找出口。这类人有点像导师的角色。

第二类，能谈心的。

多能干、坚强、理性的人都会有非工作、事业上的烦心事，可能来自家庭、生活或某个对他很重要的人。此时，他需要一个了解他的、倾听他的，更能获取他信任的人来帮助他。

第三类，能陪你玩耍、找乐子的。

再厉害的专家、再知心的大姐姐都未必能陪你疯狂，陪你玩到高兴，当你想放松甚至放纵一下时——比如去一家你不知道但其实颇有名气的馆子搓一顿，周末的夜晚想喝高，能陪你逛街走一天，八卦或说某个人的坏话时，你需要这样的朋友。

第四类，能给你树立榜样的。

比如让你感到受到威胁的、激发斗志的，想要去超越的人。曾国藩曾说过："老夫活了50多岁，经事不少，知天下事有所激有所逼而成者居其半。"我们每个人身边都应该至少有一位能"刺激"我们变得更好的人。

第五类，尊重、崇拜你的人。

如果你的身边有尊重、崇拜你的人，请珍惜他们，一方面是出于礼节，尊重他人的人应该获得同等的尊重；另一方面，他们现在可能还没办法给你提供同等的价值，但也许在不久的将来，他们给你的回报会超乎你的想象。

总之，高质量的人脉关系，说到底是一种"不求帮忙，但能交换，还有情谊打底"的关系。

小心那些喜欢说"随便"的人

你身边有没有这样的人：

一帮人出来玩，定好了地点，十几个人全票通过，商量的时候他不说话，到达地点后开始叨叨，嫌弃这里好脏、好远，不适合自己。

吃饭前问他吃什么，他说随便、都行。上了菜以后，他说自己从来不吃葱，对鸭肉过敏。

开会时，主管询问大家对项目的意见，每个人都出谋划策、积极发言，轮到他时，他说自己还没什么想法，但兴致勃勃地把前面所有人提的建议都点（批）评了一遍。

总之就是你提议什么，他都会习惯性地给你挑刺儿；好不容易对你赞同一次，紧接着马上就一个大转折"但是""不过吧"跟在后面；问什么都是笑容可掬地说"随便"，等你把事儿亮出来，他又开始紧锁眉头，挤出一句"其实，我觉得吧……"

一个真理：那种越是说"随便"的人，事儿越多。纯良一些的，即便不当面给你怼回来，内心也早已给你发了无数差评。

其实一般人挺难板起认真脸去指责他们的，毕竟事儿多的人也不是什么大奸大恶之人，无非是作、矫情、挑剔了些，让周围的人不爽、内心吐槽的时候多一些。反正我们活在这个世上，不是给这个人添麻烦、就是给那个人找不自在，大家礼尚往来、程度不同罢了。

早些年，年轻气盛时，我不喜欢多事的人，因为和他们相处实在是太磨人了。

比如我有个关系一般的大学同学，在上学时没太多交集，后来同在上海工作我们就联系上了。毕竟是同窗校友，过去情谊再寡淡，也胜却大城市擦肩而过的许多陌生人，所以就相约一起吃了几顿饭。

第三次见面时，她开始和我掏心窝子地诉说大龄女青年单身的压力，家人、亲戚洪水猛兽般地逼婚，朋友、同学们的适龄婚育……这些让她在夜晚心急如焚，所以请我帮她介绍对象。

我当时随口一问："你有什么要求？"

她丢给我一个灿烂的笑容，说："随便，没啥要求。"

那时的我还比较天真，没有领教过"随便"这两个字背后隐藏的杀伤力，并且比较热心，刚好老公身边也有单身、适龄的同事，觉得他们也许可以试试，所以就接了这个媒人的活儿。

结局出人意料。我没指望自己能牵线成功，但也没料到两个原本陌生的人能那么快就建立起鄙视链。

出场的男嘉宾是上海本地人，房子自然是不愁的，在科学院工作，听上去稳定又高大上。长相属于五官端正能看过去的那种。身高也比我那位160厘米的同学高出一头。

说实话，介绍前我最担心的是男方嫌弃女方，因为我这位女同学长得实在是——说普通都勉强，外形条件用黑、矮、胖三个字概括足矣，又是属于那种一抓一大把在上海漂着的女青年，和男方相比真是没有一点优势。不过念及同窗情谊，且她性格又很活泼开朗，男方年纪不算小，着急恨娶，所以我就撮合了二人。

二人约会的过程我没有参与，事后接到我同学的电话，第一句就是"你怎么介绍这么矬的人给我啊"。然后，就开始细数男生太瘦、不够高、脸上有痘、发型老气、穿着笔挺的西装来约会像卖保险的、声音不够浑厚……吐槽不算多，我也就静静听了30分钟吧。

在她中场休息喝水之际，我弱弱地问了一句："你不是说随便吗？这男生条件其实还行啊。"

"我是说随便啊，我条件真不高，可你这个也太随便了吧。"同学甩出这句话。

于是我只能默默把手机号换掉，断了联系。

那些喜欢把"随便"挂在嘴上的人，最可怕的地方不是他们没有标准和要求，也不是标准和要求过高（虽然这也是问题之一），而是他们的标准一直在变化，你永远也拿不准这群谜一般的人到底要什么。

说"随便"的人就和喜欢说"看感觉""看心情"的人一样，他们今天可能迷恋芭比娃娃，明天又会爱上泰迪熊，谁也不知道他们怎么想。所以，远离喜欢说"随便"的人，因为他们标准不定、捉摸不透，骨子里非常挑剔却又缺少挑剔的资本，和他们相处、合作将会是一场旷日持久的内耗。

以前我也是一个喜欢"跟着感觉走"的随心派小青年，年纪渐长，发现生活还是"算计"着去过好一些。"算计"不是斤斤计较、费尽心机、丧失情调，而是多一些理性和坦诚。这样反而省事。

过去约饭局，别人征询我的意见时，我也会说"随便"；现在，如果对方真心询问，我会明确告知"只要不是猪肉，是辣的我都喜欢"。

过去大家一起出去玩，讨论去哪里时，我会说"随便，去哪儿都行"；现在，我会告诉大家"只要不爬山都可以"。

很多人误以为"随便"就是随和，不给他人添堵，其实，亮明态度、告知想法、明确标准才是慎独，因为你节省了对方诸多猜测、被拒绝、被嫌弃的可能。

当然，不能一竿子打翻一船人，的确有喜欢说"随便"的人，他刚好真的是一个很随便的人。在小事上他主动放弃自己的一些原则和标准，以和为贵也好，真不介意也罢，他愿意真正把主动权交给你，并且任何结果他都能欣然接受，不抱怨、不马后炮。如果你遇到了，请玩命儿疼爱身边这样的人。

不过另外两种"事儿多"的人会让人越长大越热爱他们：

一种是，虽然要求很多、龟毛又挑剔，但意图在于让事态往更好的方向发展，而不是浪费彼此时间和精力的人；另一种是，自己有理时绝不顶着"大事化小、小事化了"的帽子轻易让步、委屈自己的人。

第一种人，我欣赏他的韧性；第二种人，我欣赏他的勇气。总体来说，我欣赏的是二者强烈的原则感。

在生活中，有原则感的人可列为稀有物种。随波逐流、紧跟大趋势、不要成为异类……环境种种、发展种种、人心种种，让"原则"这件事变成了天边的浮云——大家没事儿抬头看看就好了。每个人都叫嚣着想要不平凡庸俗、不落入俗套，但无奈只有心跟着凑热闹，身体还是不由自主地喜欢往扎堆的地方狂奔。

反而是因为手绘表格上的一根线条颜色与其他线条颜色不一致，而果断弃用耗时两小时的表格的人；因为买来四个月的鞋子开胶而给厂家拍照，写邮件据理力争的人；坚持和不愿沟通的同事把事儿说开的人，他们让我觉得，带着一颗属于自己的笃定的心行走于世，也许充满艰辛，但内心坦荡舒服。

不过，这些人反而最不在乎是否舒服，在他们的世界里，更在乎的是 Good（好）、Better（很好）、Best（最棒）、使命必达，问题被解决等让普通人避之唯恐不及的挑战与麻烦。更神奇的是，当一个人成为这类褒义的"事儿多"的人后，全世界都会给他让道。看看古今中外那些取得巨大成就的人，哪一位不是这样的人。

总之，人生在世，即便自己成为不了巨人，也千万不要"随便"去做不招人待见的那一位。

给别人最有价值的反馈

日本松下电器总裁松下幸之助有一次在餐厅招待客人，一行6个人都点了牛排。等6个人都吃完主餐，松下让助理去请烹调牛排的主厨过来，他还特别强调："不要找经理，找主厨。"助理注意到，松下的牛排只吃了一半，心想一会儿的场面可能会很尴尬。

主厨来时很紧张，因为他知道客人是大名鼎鼎的松下先生。他紧张地问道："是不是牛排有什么问题？"

松下略带歉疚地说："牛排很美味，但是我只能吃一半。原因不在于厨艺，牛排真的很好吃，你是位非常出色的厨师，但我已80岁了，胃口大不如前。我想当面和你谈，是因为我担心当你看到只吃了一半的牛排被送回厨房时，心里会难过。"

如果我是那位主厨，不仅会被松下先生的教养折服，更会被他用心良苦的反馈感动。人人都需要或者希望被理解，很明显作为客人，松下先生懂得主厨在意什么——守护主厨的尊严。

好的反馈始终是心中有他人，而不是现在流行的"硬怼"。

提供反馈其实并不是一件容易的事，一旦尺度没有把握好很容易变成批评。这也是为什么大家更倾向于保持沉默。在我们的意识里，认为产生分歧和提出建设性批评意见会不利于人际关系。

可是，像松下先生那样的反馈谁能不喜欢呢？反馈也有好坏之分，主要包括3个等级。

•最劣质的反馈：没反馈、直接怼死、完全不被接受和认可。

没反馈——当对方征询意见或看法时，直接以沉默对待，或者用"挺好的""还行吧"这样简单粗暴的语言回复。

直接怼死——A："如果你的表格能做得清晰一些就更好啦。"B："我觉得已经挺清晰了。"

完全不被接受和认可——永远只看到缺点，不给予积极的反馈。最典型的例子就是小时候即便考了全班第一，父母也只会说"别骄傲，下次继续保持"，而非"你真棒，我们为你感到骄傲"。

这样的反馈有两个特点：你无法从中获得有效信息；这种反馈会让人在情感和情绪方面受到不良影响。

•稍好一些的反馈：不直面问题、模棱两可、讨好他人。

较之于最差一等，这个等级的反馈能让人获得一些信息，但信息的有效性却未必好。

不直面问题——沟通中，当你抛出问题时，另一方总是顾左右而言他，让你得不到最直接的答案。

有时我会收到邀请为某个专栏写稿，稿费自然是我关心的问题之一。当我在了解清楚对方的需要和要求后开始谈及稿费，对方的回复立马显得"兵荒马乱"。比如，我问："你们的稿费是如何计算的？"对方会说："我们平台有几十万粉丝，这对您是一个很好的曝光度。"

我宁愿他直接告诉我没有稿费，也不想他在手机屏幕后端着一张尴尬（或者不屑）的脸敲出上面那行字。

沟通是有时间成本的，如果你明知对方会在意某一点而自己无法满足，不妨在一开始就说明，这样彼此也可以考虑是否继续下去，或者可以换个思路去寻求合作。

模棱两可——这样的反馈会让人很无奈，因为通常当人们寻求反馈时，希望能够听到明确的、清晰的，更偏结论性的答案或指引。而给出模糊答案的人，通常他们由于想得不够清楚、立场不够明确或压根就没有理解问题等原因，无法做出有效反馈。

我曾和一位前同事一起讨论某位难搞的客户，希望能够尽快"拿下"他。在一开始我阐述了此次沟通的目标：找到解决方案让他成为我们的签约客户。同事很给力，洋洋洒洒写了一白板的针对这位客户的分析：客户特征是×××、客户需求是×××、我们能提供的帮助是×××，看上去相当全面。

但这并不是一种有效反馈，原因有两点：

第一，她的分析里有不少难以自洽的地方。比如，同事指出"该客户家境优，不介意购买优质服务"这个特点，但在后续分析我们服务的优势时她提到"与竞争者相比，我们的产品一大优点是价钱低廉、性价比高"。

第二，只陈述表象，缺少分析。就像"该客户家境优，不介意购买优质服务"这个结论，并不是同事通过亲口询问客户得出的，而是根据客户背的名牌包得出的。显然，客户有钱不代表他愿意在另外一方面花重金。

模棱两可型反馈虽然看上去也是面面俱到，但与全面、合理的反馈不同，难以自洽、缺少分析是它最大的问题。

讨好他人——这种反馈通常发生在面对比自己位高权重或有所图的对象时。我们担心自己的真实反馈会影响既得利益，所以不得不用"深深的套路"去让对方欢心。比如，老板的新发型明明就不好看，但当她询问你时，你也只能说"看上去真有气质"，如果你认真提出改良意见，估计接下来的日子会不太好过。

•最好的反馈＝环境宽松＋认知准确＋感受良好。

那么，究竟什么是最好的反馈？其实就是能从环境、认知和感受三方面都得到好的体验。

环境——斯坦福大学商学院讲师卡罗尔·罗宾（Carole Robin）表示，在猜测别人对我们的看法时，我们总是会去假设最糟糕的情况——如果无法获得反馈，我们就像盲人摸象，这将带来不必要的压力。而解决方案就是在人际关系和工作场所中营造一个"宽松的反馈环境"。

第一，开门见山，明确目标。尤其在奉行效率和效果优先的职场沟通中，这一点更为重要。所以，不妨直接告诉对方为什么会有这次沟通？此次沟通你希望达成的目的是什么？你希望对方给你在哪些方面提出反馈？

第二，避免抵触和防御心理。反馈中我们可能会接收到一些"不太合自己心意"的，甚至是有冲突的信息，这时要提醒自己不要恶意揣测对方的用意。获取反馈，正是希望自己得到不同看法，能够改进工作、丰富认知。所以，一旦进入到反馈模式，请务必保持开放的心态。

第三，表达感激。愿意为你花时间的人，都值得我们好好感谢。

认知——反馈是一件共同合作才能完成的事。倾听在反馈中当然非常重要，但这不代表当你向对方寻求反馈时，只带着耳朵就好。你要随时告诉对方你得到某个反馈后的理解和感受，这样才能促成反馈呈螺旋上升的轨迹继续下去。

第一，信息明确。好的反馈一定是能让人明确接收到所需要的信息的。这个信息可以是一个答案、一项指示，或者提供渠道，提出计划让对方明确知道下一步。

第二，懂得适时停止。吸收、消化信息需要时间，思考、酝酿想法需要时间，当寻求反馈的问题超出你所能提供的帮助范围时更需要暂停。反馈不是非得即刻或在当下就产生效果。

感受——需要被理解。好的反馈一定会让提问者有被完全理解的感觉。所以，不妨在反馈的过程中时时问问对方是否理解了你的意思，及时了解自己的反馈是否跑偏。

反馈需要提供有建设性的看法，但这并不意味着一定得用教导、居高临下或者批评的口吻去做这一切，认可对方的提问和已有看法可以促进交流更加顺畅；还有，要多使用第一人称比如"我们"，而不是第二人称"你"，可以以此来拉近双方距离。

　　法国批判现实主义作家司汤达曾说过："向随便什么人征求意见，叙述自己的痛苦，这会是一种幸福。"我想如果还有另一种幸福，那就是能得到有价值的反馈。

别用"打工思维"去工作

先来做个测试：

·每个月最开心的日子是发工资这天？

·工作中遇到难题时，习惯性"问问老板的意见"或者"找小王商量一下"？

·薪资和职位在两年内都没太大变化？

·这一年每天工作的内容都差不多，几乎没什么变化，没学到新技能？

·下班后就想关掉手机，远离工作上的事？

·工作时喜欢清闲，只要清闲就有种赚到的感觉？

·总有"安排的工作能拖就拖，因为早干完老板又会安排别的工作给我"这样的想法？

·对工作的看法是"这只是一份工作，我需要它是因为要生活、糊口"？

·认为老板和员工总是"对立"的？

·拿多少钱干多少活儿？

·不喜欢被安排不熟悉的工作？

·对"目标"没什么概念，让老板觉得自己表现好才是关键？

这12个测试题，如果你的肯定回答占一半以上，说明在工作中你是典型的"打工思维"。

那么，何谓"打工思维"？

它其实和"打工者"这个身份并无太大关联，关键是对工作的一种认知和态度。有"打工思维"的员工最常抱有的想法是"我只不过是个打工的"。在工作中，因为自己打工者的身份更容易陷入被动思维和行动，对工作的认识是做每件事都觉得是在为老板和他人在做。

"打工思维"最常见的8种表现是：

·赚到的工资刚好够维持生存。

·即便坐办公室，可能也是依靠体力、惯性而非智力干活。

·工作主要是靠混，上班等下班。

·更关心如何能让老板看得起，而非目标和结果的实现。

· 一天一天等工资，而非积极创造价值。

· 对工作缺乏甚至毫无动力。

· 在公司架构中长期处于底层。

· 用时间换钱，除此之外别无其他收获。

"打工思维"并非一无是处。对于没有太大野心的员工来说，在职场上带着这种思维工作至少能让自己少承担责任，工作相对容易、单纯。但它最大的弊端在于：有"打工思维"的员工极其容易被淘汰。因为"打工思维"这种求稳、被动、只在乎当下而不考虑未来的属性与当今变化的时代有所冲突——谁在这个时代求稳、不变，谁就会被淘汰。

与"打工思维"相对应的是"老板思维""创业思维"或"股权思维"，几个概念大同小异，这是当前社会所提倡的一种状态，它有两个特征：

第一，这是让自身效益最大化的一种思维。工作中无论自己的身份是员工、老板还是创业者，都能利用一切资源使自己或自己的公司拥有更大的单位时间产出。

第二，看重未来的利益空间，甚至会破釜沉舟为此牺牲眼前的利益。

愿望是美好的，可有句老话叫"不在其位，不谋其政"，作为一名普通员工，我们受所处境地、既得利益、自身能力的限制，很难让自己真的用"老板思维"去对待工作，因为做得不恰当很有可能事与愿违，给老板、同事带来不好的印象——觉得你没有做好本职工作、瞎操心。

所以，与其倡导员工变"打工思维"为"老板思维"，不如现实些，思考哪些思维方式对职业生涯事关重大。在我看来，想要成为优秀卓越的职场人，有4种思维方式不可或缺。

• 自我管理思维。

彼得·德鲁克在《自我管理》里提到的几点很值得职场人去思考：

第一，"我的长处是什么"和"我的工作方式是怎样的"。

对这两个问题的思考其实是在帮我们解决如何让工作效率、效益最大化的问题。同时也能让我们有更清晰的自我认识，可以在职场角色转换、职业平台变化时耗时最少地走上正轨。

第二，"我属于何处"。

在清楚自己的长处和工作方式的基础上明确"我属于何处"，其实是在帮自己筛选出那些不适合的工作甚至是排除诱惑，这能够减少我们走弯路的概率。

第三，"我如何学习"。

可以说这个答案决定了在漫长的职业生涯中，我们的后劲有多足、究竟能走多远、站多高。

• 关注"事实"而非"感受"的思维。

罗素曾说过："不管你是在研究什么事物，还是在思考任何观点，请只问你自己'事实是什么'以及'这些事实所证实的真理是什么'。永远不要让自己被自己所更愿意相信的，或者你认为人们相信了之后会对社会更加有益的东西所影响。只是简单地去审视，什么才是事实。"

职场上关注"事实"的益处在于你可以更多地摒除"人"的影响，从而更好地投身到"事"——目标、困难、问题、危机——当中，解决问题、实现目标是一个优秀职场人的标配。更重要的是，关注事实真相就是学会质疑，而质疑是追求进步与卓越的基础。

• 用"高阶版"的自己去面对工作的思维。

推脱责任、逃避困难、喜欢待在舒适区，这些都是"人之常情"，挑战自我、历经磨难从来都不是人类的天然属性。矛盾的是，希望成为更好的自己却又是我们天性中所追求的，所以面对困难和问题时，低阶版本的"我"习惯躲避、推卸，但需要强迫自己用高阶版本的"我"去面对工作中的一切挫败和不顺。

"让我来完成×××。"

"让我来承担×××。"

"我愿意为×××负责。"

"我想要尝试×××。"

高阶版的自己并非没有恐惧，而是能够用更主动的态度去面对害怕，然后正视工作中的一切遭遇。所以，下一次面对工作中的难题时，不妨先"退出来"想一想，那个更好的自己会如何处理这一切。

• "不妨一试"的思维。

工作中，即便有时你努力错了方向，也比你什么都不做要好。前者至少在探索，而后者只是在原地踏步。

导致我们原地踏步的原因可能有很多：害怕损失、纠结利弊、追求完美……但无论借口多么美好，原地踏步的后果就是什么也得不到。反而，放开手脚不妨一试可能会带自己走出僵局和困境。"不妨一试"的背后其实与执行力能否有效实现有关。

日本研究管理行为学、行为科学管理研究所所长石田淳认为，解决"执行力"问题的核心在于改变行为。

无论是制订出更清晰的目标、合理的奖惩机制，还是想办法与合作者建立相互信赖和亲密的人际关系，本质上都是在做行为上的改变。任何结果的变化都是由一连串的行为操作引起的，所以想要

实现好的结果和目标，只下达命令、领导喊话或施压是不可能真正
见效的。我们必须找出与结果最相关的那些行为，通过一些方法让
它们更好地为实现目标服务。

　　我们可以基于测评、观察、信任、明确这4个象限去提升自己
的执行力、实现目标。

测评 （目标）	观察 （实现手段）
信任 （合作者）	明确 （问责、报酬机制）

　　第一象限是测评，在测评中目标应该是可量化的，方便测量和
评价。比如，3月份的目标是提高英语听力，这一目标应该被详细
化为能听懂VOA（美国之音）里80%的内容。

　　第二象限是观察，要根据实现目标的手段，观察方法是否合
理、可操作，执行者的行为是否正确。比如员工操作手册、SOP

（标准操作程序）的制订。

第三象限是信任，它主要是针对与合作者建立良好的人际关系而设置的。知道了这点，我们就可以去寻求解决人际关系的一系列方法。

第四象限是明确，即问责和报酬机制的建立要清晰。当中应包含责任人、最后期限、检验目标实现的标准、奖励的标准、时机、内容等各项。

所以，职场中可怕的从来都不是"我是一个打工的"，而是对这种想法习以为常，永远带着这样的态度去处理工作。

独立，让你越来越出色

LinkedIn曾做过一项调查：74%的初级或中级职位的女性都希望追求更高的职位，其中不乏以CEO为目标的。但在一男一女两位候选人的经历、资质都完全相同的情况下，男性被录用的概率要大于女性，即便是被录用后，女性往往要付出更多，才能升职到高级职位。包括像好莱坞这种看上去非典型的职场，女演员们也有自己的职场"天花板"。

我曾看过一个关于《纸牌屋》女主角罗宾·怀特争取同工同酬的报道。怀特发现《纸牌屋》里的第一夫人克莱尔的人气其实比凯文·史派西扮演的总统弗兰克更高，于是向Netflix公司（全球十大视频网站中唯一收费站点）提出要与史派西同工同酬。她说："我的片酬要和凯文一样高。我看到统计数字说，克莱尔比弗兰克更受欢迎已经有些日子了，所以利用这个机会提出加薪，如果不行的话就会对外宣布。"结果对方同意了。

可见，即使是在好莱坞，女明星与男明星同工同酬的问题也是前路漫漫。而这只是女性在职场面临的众多不公之一。

除了传统"男主外、女主内"的观念使得女性偏向把重心放在家庭，从而影响了自己的职业生涯外，身为女性的确有一些"与生俱来"的问题影响我们在职场大展拳脚。

问题一：女职员更容易情绪化。

《环球科学》刊登的一项研究表明，女性受试者在应对会引起人某种情绪——尤其是负面情绪——的画面时，会比男性受试者反应更加强烈、更加情绪化。研究人员通过查看他们的功能性磁共振成像图发现，女性受试者产生的强烈反应与大脑中控制肌肉运动区域的活跃度升高有关。也就是说，从基因学角度看，女性的确比男性情绪化。他们面对负面事件或图片时情感活动比男性更为激烈。

看来，"女上司、女同事难打交道"这种由来已久的刻板印象也并非空穴来风。

问题二：习惯性抱怨。

情绪化带来的必然后果就是抱怨多多。男性更倾向选择将情绪压在心底，或者边喝酒边找朋友诉说，而女性往往习惯了"张口就来"，并且把"我就是随便说说"当成理所当然。可没有上司、老板喜欢抱怨，抱怨是最无用处的了，但因为女性"习以为常"，所以这也成了晋升的路障。

问题三：缺乏忠诚。

想想你自己或者身边的女同事是否说过以下类似的话：

"如果老公能赚钱，我也就不用这么辛苦了，早就去做全职太太了。"

"×××公司可比咱们这里待遇好。"

美国社会心理学家马斯洛发现，男人与女人发牢骚的形式有很大不同。男性习惯于就事论事，而女性更喜欢由点及面，赌气说出最为严重的结果。在办公室中，女性说辞职、跳槽的概率比男性高得多，尽管可能她一辈子都不会离开公司，却无意给上司造成了"她对公司缺乏忠诚，可能很快就会离开"的印象。

问题四：追求"安全"。

看上去与问题三有点矛盾，实则相较于男性而言，女职员更迷恋同一份/同一种工作的延续性，不喜欢改变和接受挑战。也许这是本能，也许是习惯，也许是出于家庭等各方面的衡量后做出的举动，然而，领导永远更喜欢"多功能"的下属。

基于现代女性受教育的程度，很多工作男女在智力、能力上并未有明显差距，影响我们晋升的除了对"女性"身份的偏见外，在上述4个方面，我们确做得不够到位。女性想要在职场赢得尊重，还需要在以下3方面做得更出色：

首先，不要把自己当女人看。

不仅是这个社会和男性，身为女性，我们对自己其实也有"刻板印象"。

我毕业后的第一份工作是在一家500强公司做管培生。在轮岗的第一年，我们要学会公司的各种软件和SOP（标准操作程序），并且还要在入职后的第3个月进行考试，如果第1次没有通过，一个月后再考一次，第2次不过就要卷铺盖走人了，而且满分是100分，及格是90分，所以压力非常大。

当我在学其中一个涉及人力工时的计算软件时，因为涉及一些数学公式运算，我的心中产生了恐惧。一方面，数学一直是我的短板，我人生秉持的原则之一就是能不碰就不碰、最好老死不相往来；另一方面，公司一直有传言说考核这个软件时女生首次通过的比率非常低。

某天工作午休时，吃过午饭我在茶水间抽空复习，我们的区域经理进来喝咖啡，看到我在复习就随口问了句："复习得怎么样了？有没有把握一次通过？"我如实作答："其他还行，就是人力工时这款软件有点担心，谁让我是女生天生对数字不敏感呢。"她放下咖啡杯严肃地对我说："在工作中永远不要用'因为我是女的……所以……'来做你工作做不好的借口。"

十年过去了，这句话我却记忆犹新，每每在工作中遇到挫败，它就会跳出脑海鼓励我。也是从那个时候起，我渐渐抛开了工作上的性别意识，在职场上，性别不该成为区别。

"因为我是女的，所以这么想很正常啊。"

"因为我是女的，所以你来做更合适啊。"

"因为我是女的，所以情有可原吧。"

……

如果你也曾在职场上用类似的话做过挡箭牌，是时候将它丢开了。假如真的有针对女性的职场"天花板"存在，这种意识就是铸成天花板的第一层壁垒。

其次，目标导向、结果第一。

当我们拆除了职场上"男女有别"的壁垒时，接下来所谓的职场"秘籍"就没有性别之分了。无论是男职员还是女职员，只要你受雇于组织或某人，你就有责任成为有价值——且价值越高越好——的人。

有句话叫"职场不相信眼泪"，我非常认同。何止不相信眼泪，只要是与价值和贡献无关的泪水、汗水、苦劳、付出，在职场上都不值一提。雇主付给你薪水，你提供相对应的服务，各得所需。工作的本质首要是赚取利润、等价交换，反而是现在提倡的"快乐工作"这类伪职场哲学我才觉得奇怪，职场又不是风月场，没有对人"卖笑"、讨人欢心的义务。

作为一名职场人，只要在位一天，就要把完成的计划、实现的目标、创造的价值、提供的贡献放在第一位，"目标导向、结果第一"是无可争辩的评估职场人优秀与否的标准。这条标准绝无性别之分。

最后，再贪心一些。

目标导向、结果第一适用于所有职场人，但对于女性来说，从古至今，我们的确在家庭中付出、承担得更多，似乎已经习惯了让工作为家庭让路，习惯了用前途换取家庭，甚至我们把这种习惯当成了与生俱来的本性，心安理得地认为理应如此。

加利福尼亚大学洛杉矶分校生物学博士、麦肯锡前合伙人、现在的比尔和梅琳达·盖茨基金会北京代表处首席代表李一诺，顶着这样的头衔还生了3个娃，是如今依旧保持马甲线的女人。她的二宝和三宝都是她在麦肯锡升任副董和合伙人时怀上的，挺着大肚子到处飞，同时还能保持亲喂宝宝一年多，这些过往说起来不过三言两语、轻描淡写，但只有经历过一手家庭、一手职场的女性才知道过程有多艰难。更何况，李一诺的职场是那般光鲜亮丽。

她曾说过，女人还是要"贪心一点"的好。

"要贪心一点，就是别觉得'想要'是一件坏事。只要不妨碍别人，对自己要求'贪心'一点是件大好事。我又想要孩子，又想要工作，还想要有情趣的生活，那就定这个目标，然后想办法实现。如果自己都不'贪心'地想，那你想要的生活也不可能从天上掉下来。"

一诺曾经想学油画、想学钢琴，但又要工作又要陪孩子，家里还有老人，看上去怎么都不可能实现。但最后她还是在三十六七岁时学会了钢琴和油画。晚上10点以后才有空，那就把老师请到家里来教画画；学钢琴夜深人静怕吵到家人，那就买电子钢琴插着耳机练习。

如果你的"贪心"不是意淫，而是建立在第二点所说的以目标为导向上，这样的"贪心"必定有回报。职场女性也该如此，如果你想要升职、赚很多钱、"杀"进高层，那就先把梦做起来，然后一步步去实现好了，不要让成家生孩成为自己职场生涯终结的"借口"。

　　Facebook COO雪莉·桑德伯格曾对全世界女性同胞们说过："我希望你们怀着进取心，在事业里全心投入，去掌控世界。因为世界需要你们去改变它，全世界女性都在指望你们改变她们的命运。"这碗鸡汤虽然熬得浓烈，却不失道理。

　　我们也许不需要向雪莉那样有如此大的格局要去"掌控世界""改变全世界女性的命运"，但如若能在自己的职场生涯做出成就、赢得尊重，聚沙成塔，终有一天这个世界对待女性的方式和态度会有所不同。

第 五 章

◎

职业焦虑，
职场拼得不只是实力

职场拼得不只是实力

　　一位上进的职场人会告诉你，在职场上，我们要拼的是业绩、效率、情商、沟通能力、团队合作……总而言之，是实力。但一位优秀的职场人会告诉你，现代职场早已不是只拼实力的时代了。

　　两年前我担任团队领导时需要给所带的团队招聘新人。招聘贴发出去收到了很多简历，其中一位英国海归硕士的履历吸引了我。印尼志愿者、新加坡专业比赛大奖获得者、去非洲大草原救治过动物、在大别山支过教。这种国际化、多元化的背景正是我们公司要找的人，所以我一点都没耽搁，就给对方打了面试邀请电话。

　　不过，在我见到这位海归硕士第一眼时就决定，无论她有多优秀，我都不会录用她。并非我武断，她脸部油腻的 T 型区、熬夜后留下的黑眼圈、写满困乏的脸和匆忙间没有对齐的衬衫纽扣都在向我呐喊"还等什么，请直接淘汰我吧"！

她的经历展现出她具有很强的实力，但她的外形让我对她的实力产生了质疑。外在形象在职场上有多重要？至少值800万吧。这是我的第一份实习工作教我算的一笔账。

大学即将毕业时，我在一家香港上市的房地产公司做实习生。我所在的部门是运营拓展部，主要负责公司在长三角地区的所有楼盘征募大公司的广告牌位。当时我们团队已经和世界顶级的数码相机公司谈判到了关键时刻，只剩一家公司与我们竞争，看谁能拿下最后的合约。

终极谈判那一天，我们和竞争对手公司一起在甲方的会议室里竞标。走进会议室时，对手公司派来的5位谈判者让我记忆犹新。他们穿着统一、合体的职业装，女性脸上是得体的淡妆，头发要么是利落的短发，要么盘得一丝不苟；至于男士，胡须是干净的，领带是端正的，白衬衫没有一点褶皱。不知为何，谈判还没开始，我就觉得自己这边已经矮人一截。

倒不是我们有多邋遢，但从外在来看，我们团队有穿职业套装的，也有穿牛仔裤的，有化了妆的，也有完全素面朝天的，整个士气很弱。更糟糕的是，那天巨热无比，大家下了出租车走到谈判地点时，所有人几乎都已经湿透。男士们的衬衫贴着身体并能看到腰腹的赘肉，女士们内衣的颜色在湿透的衬衫下若隐若现。坐在会议室里，大家呼哧喘气，满脸满身都是汗，完全一副进城逃荒的模样。

最终我们败了。告别时，甲方公司对我们的团队领导说，其实你们的实力挺好、开出的条件也够诚意，但另一家在这两方面也不比你们弱，并且他们代表的公司形象整体感觉非常好，让我们觉得更放心、更专业——一单价值800万的生意因为外在形象，就这样与我们擦肩而过。

所以，最顶尖、最优秀的职场人不仅是最有实力的一批人，更是外形俱佳的一批人。只拼技术、业绩的时代早过去了，现代职场，内外兼修才是王道。

当然，我所说的"外形"并非是指颜值要多高，而是你是否能把自己打理得清爽、干净，穿衣得体，让自己的精气神长久饱满。伦敦吉尔德霍尔大学曾做过一项调研发现：职场上，外形平凡的男性比外形好的男性少赚15%，外形平凡的女性比外形好的女性少赚11%。

心理学中的"晕轮效应"也很好地诠释了这一现象：当认知者对一个人的某种特征形成好或坏的印象后，他还倾向于据此推论该人其他方面的特征。人们之所以更喜欢同外形好的人合作，是因为认为他们更有帮助。人们对外形好的人倾向于做出更积极的判断，同时也愿意和他们建立更好的合作关系。

这其实是有道理的，因为在职场上，注重外形的人至少说明他具备了以下3项品质：

第一，注重外形的人都超级专业。专业化不仅体现在技术、能力、接人待物等方面，很多时候是从一些细微的事情上折射出巨大的效应。

雅虎CEO玛丽莎·梅耶尔即便已被封为"硅谷最美丽的女人"，但她并未仗着自己的高颜值就任由外形放任自流。梅耶尔深知"时尚是一种艺术形式，更是个人在生意场上的重要标签"，她合身的夹克、刚及膝的A字裙、鲜亮的颜色，让人们总能从一堆人中一眼就发现她。所以梅耶尔也被誉为"硅谷最会穿衣的10位CEO"之一。

大部分人都很难摆脱"首因效应"，在第一眼看见一个人时我们很难就洞悉他的才华、实力，因此我们会不可避免地通过外在形象去判断，所以专业的职场人都懂得如何利用外形去赚取印象分。

第二，注重外形的人，本质上是在展现自律。从表面上看，一个注重外形的人是在展示自己的容貌、身形，其实反映出来的是他的自律。

光是洗脸、刷牙、洗脚这样再常规不过的小事都不是每个人能天天坚持完成的，更何况身为上班族，每天工作8小时甚至更长，经历一两个小时的通勤，回家可能还要写计划、回邮件，谁都想早上能多睡一会儿，所以很多人宁可牺牲早餐，只为按掉闹铃能再睡10分钟。后果就是急匆匆地起床、随便抓件衣服套在身上、用水把脸弄湿就算是洗了脸，然后一路小跑、衣衫不整、大汗淋漓地踩点打卡。

可就是有人永远都能够带着清爽的妆容、衣着得体、气定神闲地出现在办公室。他们并不比谁更多些时间，只是克己、自律，让习惯变成本能，始终展现自己最好的一面。我的上司曾说过一句让人难忘的话，她说："能够一直带妆上班的人都是狠角色，她们容不得自己半点不好。"

第三，注重外形的人，其实是心中有他人。我曾一度以为看重外表的人非常自我，他们总想在别人面前展现自己——容貌、气质、身形各方面，就是想让别人给自己点赞。后来我的前同事凯改变了我的看法，让我从另一个角度去思考这个问题。

凯是个超级直男，非常不拘小节，这个"小节"包括外形。和他做同事半年，我瘦了10斤。

凯坐在我前面，每天我都能看见一座雪山——头皮屑堆积在肩膀形成的；他一转过来找我讨论工作，对着他的脸我就忍不住去打量自己——实在是油光锃亮，可以当镜子使了；更让我郁闷的是凯易出汗，在26℃的空调房里他也能不停冒汗，后背、腋窝下经常是成片湿润，坐在他的后面，我有幸观察他的汗渍今天又在衬衫形成了什么新图案；当然，最难忍的还是汗水背后那一阵阵味道清奇的体味。他抬一抬胳膊就足以让我吃不下饭，最终轻松帮我实现了减重10斤的目标。

他让我明白，在职场上能够严重影响别人的不仅仅是一个人的情商、智慧、沟通技巧，还有他的外形。一个实力再好的人，如果他每天上班顶着油腻的头发、满脸油光、胡须和汗毛乱竖，并且有着外人难以启齿的体味，友好的合作、顺畅的沟通、和睦的相处，就都是浮云。

对同事、上司、客户最基本的尊重首先是打理好自己的外形。那么，如何才能提升自己在职场上的形象呢？有一些基本的法则是每位职场人都需要知道的：

原则一：穿质地较好、贴合身形的职业装；

原则二：女士化得体的妆容，男士注意毛发问题，尤其是鼻毛外露千万要注意；

　　原则三：不要有体味，如果容易出汗建议使用止汗喷雾；

　　原则四：脸部看起来永远干净、清爽、不油腻。

别把第一份工作太当回事

毕业季最热门的话题有两个：一个是分手，一个是关于工作。每年临近毕业季，我都会收到不少毕业生对后一个问题的咨询，咨询中充满着迷茫、不安，甚至恐惧的情绪。

作为一个过来人，我其实非常理解这些情绪，毕竟我们对职场的描述大多偏消极和负面，这个世界里充斥着尔虞我诈、各种潜规则，加之不知从何时起有种约定俗成的看法是：第一份工作非常重要，几乎决定了我们未来的一生。

比如，我最常收到的询问是：有两家企业，A是待遇普通但稳定、轻松的企业；B是薪水不错，但相对辛苦、竞争激烈的公司。问我如何选择。

谨慎一些的毕业生不止会寻求像我这种专业培训师的意见，父母、知情人、过来人、学长学姐、导师……他们几乎都会问一圈，最后的结果是依旧拿不定主意。

为什么选择第一份工作不能像选择买一件衣服一样更轻松、随性些？我们明知自己不会像父母那样在一家企业工作一辈子，以后还是会有很多机会重新就业，但对于第一份工作我们就是"紧张兮兮"，难以定夺。我想全社会、全人类都强调第一份工作非常重要，主要还是两方面的原因吧：

第一，第一份工作奠定了个人对"工作"这件事的认识。

对于职场而言，每一位毕业生其实都是一张白纸，能画出什么图案，打上何种颜色受第一份工作的影响非常大。

你对工作是喜欢还是厌恶？

你对同事的怨恨多还是欣赏多？

你喜欢团队合作吗？

你对上司的态度是敌对还是将其视为领路人？

你是否能通过健康的价值观去衡量自己的付出与收获？

你对未来的工作有期待还是抱着能混就混的态度？

我曾经有位客户L，父母颇费周章地把他弄进一家很不错的企业——就是理想中那种稳定、钱多、活少、离家近的好工作。但里面的派系斗争和层级关系非常复杂，他每天最重要的工作就是确保自己站对了队伍，以及是否把领导"伺候"舒服了。有人请领导吃饭，他要负责挡酒；有人给领导送礼，他要懂得如何欲拒还迎；领导的上司批评了领导，他要懂得如何让领导消气儿。

L其实不是一个情商很高、颇有眼色的人，所以他的这份工作一直做得磕磕绊绊没少被领导骂，做了3年总算在辱骂声中有了点经验累积，但L通过这份工作已经对职场、人心看得非常凉薄。在他看来，职场就是交易、斗争，完全没有感情和双赢这回事存在；而同事就是随时会给你背后使绊子的狡诈之徒，领导都是戴着面具的小人，出事只会自保，完全不念旧情。

可见，第一份工作会塑造我们在职场上的三观——你经历了什么，就会用同样的态度去看待工作。

第二，第一份工作起点的高低会影响我们未来在工作上的各项素质。

我们特别在乎第一份工作是因为惧怕起步错步步错，后面会慢别人好多年。事实上，也确实存在这个问题，好平台给职场人带来的影响与普通平台相比不可同日而语。

单从收入来说，如果你的第一份工作收入低，在现代社会想要逆袭，难度不是一星半点。

美国经济学家迈克尔·卡尔和埃米莉·维默斯以美国人口普查

局"收入与项目参与调查"的数据为基础，对1981年至2008年期间美国就业者的收入变化情况进行了分析。为衡量薪酬升降的范围，他们按收入水平把就业者平均分为10个梯度：最低收入者属于第10梯度，然后往上是第9梯度，以此类推直到收入最高的第一梯度。研究显示：大多数首份工作薪酬低的人，几十年后依然收入不高；而那些一开始就领高薪的人，则更可能继续留在社会高收入阶层。

当然，起点高、平台好的第一份工作对毕业生带来的影响不仅仅是收入方面，还包括视野思维、知识技能、人脉储备、增值空间等4个方面。

	好平台	坏平台
视野思维	不排斥甚至喜爱目前所处的行业；能够对目前所处的行业形成自己的见解和看法。	没有全局观，只是单纯做完手头的每一件事；无法形成自己的行业看法，习惯人云亦云。
知识技能	有完善的培训体系，能够让你掌握该领域的大部分技能和知识。	有培训，但更多是自生自灭式的生长。

续表

人脉储备	能形成行业圈子，有合作和互助。	鲜少互动和新关系的搭建。
增值空间	螺旋上升，跳槽不是平行移动。	大多数时候只是在不同地方做相同的事情。

如果一开始进入的是一个普通平台，因为企业格局较小，员工的眼界和圈子都会受限；反之，如果一开始进入的企业格局比较大，那么他以后既可以跳到同等格局的企业，也可以跳到格局较小的企业，未来发展的弹性很大。但现实是，想要在第一次工作选择时就挑选出最好的那份工作往往很难。

在这篇文章里对"最好"的定义是：自己喜欢的。而传统上所说的好，是企业实力雄厚、待遇和各方面发展都不错。

大多数毕业生在读书期间缺乏实习经历和基本的工作技能，对行业、职位的了解以及对公司的了解都很匮乏，所以大部分人都缺乏得到一份好工作的竞争力；况且有很大一部分占比的毕业生根本不知道自己喜欢什么样的工作，迷茫是我们走出校门、踏入社会那一刻的标配。

鉴于这种现实情况，尽管第一份工作这个起点，对我们的未来有如此大的影响，但我仍要真心地说一句，大家大可不必把第一份工作看得如此重要，神化它的价值。

所有的"第一次"都很重要，但如果真的没达到理想中的效果，还有"第二次"可以期待。人生是由许多个第二次、第三次、第N次拼接组成的，无论是第几次，它都有价值，但每一次却又实在担不起"一锤定音"的意义。

奥美广告创始人的大卫·奥格威一生做过很多的工作，学生时代的他因为成绩太差被迫退学，第一份工作是见习厨师，但这不妨碍他最后成为"广告教父"，创办了当今世界上最大的广告公司。

我们的一生绝不可能仅凭某个"第一次"就永远定格，不再成长，包括第一份工作，也不具备这种魔力。更何况，多糟糕的工作只要人不糟糕，都能挖掘出其中的意义和价值。

我的第一份工作就是一个团队合作很差的环境。团队领导懦弱只求当老好人，团队里的老员工表面和睦，私下里互相斗争、拆台，新人不得不忍受老员工的欺压。作为新人，如果你不听他们的话或是开罪了老员工，他们会丑化你的表现报告给领导。可以说，这样的工作氛围，一进来就辞职也没什么不妥。

但我还是坚持做了一年半才离职，因为这家企业是业内最顶尖的公司之一，名气不错，最主要的是它有比较完善的培训体系，我希望能够完全掌握这个行业里的基本技能后再离开。这份符合传统定义的"好"，实则问题遍布的工作给我带来了两个重要价值：

第一，学会了吃苦。工作第一年因为走弯路经常熬夜加班的事没少干，所以让我形成了"工作没有义务让人轻松、愉快"这个观念。至今我都觉得这个观念非常重要，它会减少你在职场上的抱怨，把关注点更聚焦在如何解决问题上。

第二，懂得了团队的重要性。因为第一份工作所在的团队实在太糟糕，所以在后来的工作中当我遇到好团队时会加倍珍惜，从而大幅度提升了团队合作的效率与效果。

所以，无论你的第一份工作是什么，只要你理性看待、努力投入，都不会太差。因为重要的不是"第一份"，而是在"第一份"中，我们清楚明白自己想要收获和贡献的东西是什么。

因此，如果能够理清以下5个方面，第一份工作从事什么行业，在大公司还是小企业差距其实不会很大。

第一，行业知识与技能。

从事行业的基本知识和技能是否能在短期内掌握。

第二，企业的核心业务。

无论企业规模与实力如何，每家公司能够成立说明它至少有自己的立足之本。作为员工身处其中，你是否能够开始接触所在公司的核心业务。

第三，和什么人一起工作。

在一份工作里，我们接触到的群体通常有4类：公司CEO（视公司规模大小来决定是否和新人有交集）、直属上司、团队成员、客户。

CEO——也许和新人交集不多，但他决定着一家企业的文化、走向和发展。如果一家企业的做法让你无法接受，通常CEO也不会成为你想要学习的榜样、崇拜的对象。

直属上司和团队成员——直接决定你的工作质量、心情和进步。

客户——我们多多少少都要去忍受一些让自己很抓狂的客户，但如果大部分客户你都不喜欢，或者无法谈拢合作，那要考虑一下自己是否选对了行业、选对了公司。

如果你在第一份工作中接触到的4类群体里有至少两类是让你满意的，那这就不失为一份好工作。

第四，转行的难度系数。

跳槽、转行、做斜杠青年在当今社会都是非常普遍的事。当你选择了一份工作，除了考虑常规问题外，不妨也想想这些问题：有朝一日如果不再做这一行，现在学到的本领有多少是能支撑你在另一个行业有所发挥的？转行的代价和成本有多高？比如从传统媒体转去做新媒体运营跨度算小、成本不算高；但从技术岗位转去做营销跨度就比较大，付出的代价通常也不低。

第五，也是很重要的一点：你的内心是否喜欢这份工作，或者退而求其次抛开热情不谈，你是否有意愿在这个行业、这家企业"沉下去"真正学点东西。

正如我前文所说，只要人不糟糕，也就没有所谓的糟糕的工作，决定自己心态和成长的永远是我们自己。

如何避免职场上的 "暗箭"

　　徐静蕾导演的《杜拉拉升职记》中有这样一幕，高层要来视察，公司开始装修，谁也不愿意做，莫文蔚饰演的上司玫瑰就把这个 "烂活儿" 给了杜拉拉，而自己这时候开始开小差，三天两头请病假。杜拉拉顶住困难完成了装修。等领导来视察时，玫瑰的病神奇地好了，会面大 Boss，于是一切都成了她的功劳。杜拉拉这只小白兔只好成了 "幕后英雄"。

　　这是非常典型的 "职场斗争"。作为职场新人，以为只要自己真诚对待别人，就能够避免职场上的纷争。但每一个人处在不同的位置上，都有自己的利益考量，比如老板看重的是公司利润，同事看重的是职位升迁、工资与奖金，目标不同、资源又有限，矛盾和冲突在所难免。

工作久了，你会发现那些最恐怖的斗争不是明枪，比如领导的批评，与同事的争吵，而是防不胜防的暗箭。职场"暗箭"非常容易导致员工产生职场抑郁症。在日本，患有职场抑郁症的人已经突破百万。所以，日本情绪障碍症协会已经开始对此进行专项研究和治疗。

通常，职场上的"暗箭"有以下几种：

第一，争夺资源。人脉、渠道、客户……只要是对自己有用的人和事，都要迅速占有。占有好的资源意味着更好地完成业绩、实现目标，加薪升职自然也就水到渠成。

第二，"乘虚而入"。类似于杜拉拉升职记里的那个例子，论功劳和苦劳你都是首屈一指的那个人，但奖赏时功劳却被抢走。

第三，背叛。也许与你平时关系最好的那个同事，最后往往会成为你最大的竞争对手，或者为了升职、加薪、进修的机会，最先与之交恶的人。

如果在工作中遇到了这些纷争，不妨牢记下面这4条法则：

第一，不要把同事当亲人。

通常来说，亲人是能够无私帮助你，很少给你造成危害的人，而同事很难上升到这层关系。

我见过很多初入职场的年轻人，包括我自己，到了一个全新的环境，遇到看似和蔼的同事就开始心生信赖，对对方掏心掏肺。职场是一个复杂的社会，任何夹带在工作中的"私情"，或者那些因为亲密关系让你不设防讲的闲话和八卦，都有可能会使你身陷困境。所以，和他人保持距离是个不错的选择。

第二，不要随便对同事表现出亲疏。

在工作中我们会有合作更愉快、更谈得来的同事和关系一般的同事，虽然对一个人有好感往往不由自己把控，但要尽量缩小这种喜好厌恶的差距。关系上的亲疏远近有时候在领导眼里可能就变成了拉帮结派或站队伍，在人际关系复杂的大公司尤其如此。所以，最安全的做法就是尽可能与人人都为善、友好。

第三，不要全盘相信。

职场上的一些话有可能只是场面话，对方心里想的与他最后做的决策往往和一开始对你说的不尽相同，我们要学会持保留态度和释怀。职场上，很多时候，在还没有弄清楚状况前，保持中立的态度比较妥当，直到有一天，你弄清楚了哪些人说的话该相信时，再亮明看法会更好。

第四，没有永远的敌人。

可以与人保持距离，但是绝对不可以与人交恶。就算觉得某些人真的不可理喻，或者真的跟某人在职场上发生了争执，主动去道个歉。你或许不是真心地去道歉，但至少这个行为会让你少了一个敌人，而这个人在将来的某一个时间，或许又会变成你的贵人。

另外，相较于同事之间的纷争，处理好与上司之间的冲突才更困难。这个人掌握着你在职场上的"生杀大权"，不能消极躲避，也不能直接两军对垒，明目张胆地开战。究竟如何处理才能既解决矛盾，又让领导觉得舒服呢？

法则一：永远不要与领导正面起冲突。

也许你的领导是个和蔼可亲、兼听明理型的人，即便这样，也不要在有其他同事在场的情况下直接与领导发生冲撞，以致陷入尴尬境地。在职场上，领导有他们自己的颜面、地位、尊严和权威需要维护，从而才能够拉开距离去管理团队，身为下属要明白这套游戏规则。

所以，采用"迂回"的方式与领导共事是个不错的方法。

当初我们公司的老板想带大家去某个公园做团队建设，可这个地方大家私下里去过好多次了，实在没什么兴趣。人力资源部门的主管了解到这些信息后，并没有在会议上否定老板的提议，而是在会议结束后把自己的方案和大家的看法告诉了老板，既保全了老板的颜面，又有效解决了这个问题，一举两得。

法则二：尽量避免反馈给领导否定、负面的信息。

　　试想一下这样的场景：领导正在询问你的工作进展，你确实在项目中遇到了一些困难，所以进展不是很顺。此时如果你把负面信息如实汇报给上司，比如进度缓慢、资金不到位、缺乏专业人员、变数太大，自己也不知道何时能完工，估计你接下来的日子也不会好过。

　　反馈神经生物学中关于积极和消极反馈有个"临界点"的说法，超过临界点的消极反馈对情绪有所损伤，会引起"战斗或逃跑"现象，所以减少让领导情绪失控的机会是下属的职责。在汇报负面信息时，我们最好多谈些办法去补救。

　　我的前同事玛丽在这方面做得就很到位，领导询问她某项工作，即便这不是她的分内之事，她也从不会用"不知道，这不是我负责的工作"去回应上司。她会告诉领导这项工作的负责人是谁，如果有需要，她很愿意去了解一下进展然后进行汇报。用这样的方式既让上司知晓了负责人，又能给领导留下一个积极、热情的印象。

　　其实任何一种职场纷争无论结局输赢，都是有成本的，要么伤了感情，要么失去利益。所以能够和谐相处、融洽合作是最专业、聪明的职场态度。

你的人生才刚刚开始

在职场中，每一位职场人都要对自己30岁以后的职场生涯敬畏三分。因为职场上一个很残酷的事实是，过了30岁，你只有两种选择：晋升或者出局。

我的朋友小飞今年32岁，他是一家致力于做企业内部培训公司的资深培训师，他为很多企业做过内部培训，工作业绩一直很好，最近他的日子开始不好过了。

过去每天工作8小时不够用，现在每天的工作只要一两个小时就做完了；自己主动找工作做，做完了给上司报告，上司一般都说，我知道了，然后就没有了下文和反馈；同事都彬彬有礼，但是和自己开玩笑打趣的少了，下班后也没人约自己一起娱乐。

更重要的是，原来部门有一些工作，按惯例都是他去做的，现在上司一般都会让新人去做，偶尔主动请缨，上司笑呵呵地说，多给年轻人一些锻炼的机会嘛。

小飞说自己也没得罪谁，工作上也没犯错误，怎么感觉自己突然就不受待见了？

小飞是典型的在职场中被边缘化了。也就是说你从架构上而言，还算组织成员，但已经无法进入组织的核心及从组织获益。你在组织内的位置处于临近边界处，承担的工作对组织绩效低价值或低意义，职场人际关系呈现表面化，失去学习或者晋升的机会。

过去我一直以为这只是小公司"下作"的把戏。直到华为"清理34岁以上老员工"的新闻曝出来闹得沸沸扬扬后我才明白，即便是在规模庞大、收入很不错的大公司，职场寿命从30岁以后也会被看作是一条向下走的抛物线。

难道人过30岁，在职场上就真的丧失竞争优势了吗？

不可否认，年纪越大，在职场上的劣势也会越明显，主要集中在3个方面：

·不容易走出"舒适区"。

我们开始工作的年纪是22岁～25岁，做事风格、工作习惯、擅长的领域等在经过近10年的工作历练后都开始成形，走向成熟。虽然现代社会人们更换工作的频率较之过去有大幅度的提升，但因为分工越来越精细、对专业要求越来越高，大多数时候我们还是会选择在熟悉、做过的领域和行业去择业，而不会轻易打破壁垒去跨行。这就使得我们对某一个行业、某一职位、某一项技能尤为熟悉，形成了深度的积累，这是好事。但是，大部分职场人的专业技能和知识积累到一定高度后，上升轨迹就停止了，因为更精深的专业技能和知识的获得不仅仅只是靠重复过去的工作那么简单，越往上进步也越困难，而本能促使我们躲开这些困难，去选择待在更容易、更舒服的区域。

如果你在25岁下定决心打算学编程未遂，30岁将更难开始。

·家庭影响。

这个世界根本不存在工作和生活的平衡这件事，如果有，一定是背后有大量的人力、物力在支持。

美国著名影星安吉丽娜·朱莉，她是好莱坞电影明星、社会活动家、联合国难民署高级专员特使、英国伦敦政治经济学院"实践客座教授"，同时还是6个孩子的妈。你看到的是她身兼数职还能照顾好孩子，做一个好母亲，没看到的是家里一堆保姆、用人在帮她操持家务、照顾孩子。

所以，身为职场人，无论男女，结婚生子后都不可避免地会受到来自家庭、伴侣、孩子的"打扰"，装修房子、带生病的孩子看医生……这些事情都会占用你工作的时间和精力。而大部分人在30岁时已经建立了比较稳定的家庭，有了自己的孩子。

·野心消磨。

我相信每一个刚踏入职场的新人都曾揣着雄心壮志，想要在岗位上有一番作为。有一小部分人做到了，但更多的人只是在时光的流逝和重复劳动中消磨了自己的野心，让自己用惯性而非头脑去工作。

野心被消磨的原因可能有很多，比如发现了成人世界里的丑恶交易感到绝望，发现自己无论多努力都抵不过老板的亲戚容易上位，或者生命里发生了一些变故，选择用更舒服闲散的方式去度过一生。

无论是看开了、看透了，还是看淡了，通常雄心壮志、拼搏冲劲与年龄大小成反比。

难道大龄人士在职场上真的一无是处吗？非也！

首先，工作年限越长，意味着工作技能越娴熟。

虽然"长江后浪把前浪拍死在沙滩上"的事时有发生，但大部分行业和工作还是认可"姜还是老的辣"这句老话。因为年龄的增长意味着你对自己所处的行业熟悉程度的提升，无论是解决困难，还是承上启下、推陈出新，都比一个零经验的职场菜鸟（想要用他们，企业先要投入大量的培训）更省管理和人力成本。

其次，工作年限越长，意味着各方面都更加专业化。

通常，我只见过工作不久的新人会在工作中碰到压力、困难而大哭的现象，或者为难以融入某个团队而抱怨，以及有了情绪觉得自己受委屈了就把辞职信丢给上司的情况。老员工很少会做这么失控的事，他们会更专注于自己的价值和利益，所以很少会让情绪、团队合作、沟通等事情成为工作上的障碍。

所谓的职场"老油条"就是懂得如何更好地聚焦自己的一亩三分地。

既然各有利弊，我们如何才能让年过30岁的自己在职场上继续增值，不轻易被淘汰？

第一步，你急需认真做一番自我剖析。

无论是面临生活上的重大选择、事项，还是工作中遭遇的问题，我们其实很少从自身角度出发去做分析，往往更愿意先从解决事情的角度去入手。想要去解决问题并非不好，但往往问题的根源不是事情本身而是我们自己，我们常常本末倒置。

比如，求职时，我们首先不会去想自己到底想从事一份什么工作？为什么喜欢？曾为此做过哪些努力？希望在这份工作中有什么样的发展和收获？这些正是从"我"的角度去分析的。但我们通常的做法是从"前辈在这里就职说不好""父母觉得不够稳定""大家都投了简历那我也投吧"这些外在方面去考量。

大部分职场人都急需耐心、认真地做一次职场自我剖析，想想30岁以后自己在职场上的发展轨迹。前文提到的彼得·德鲁克的建议很值得我们去思考：

"我的长处是什么"和"我的工作方式是怎样的"。

想清楚自己目前拥有的筹码。

·"我属于何处"。

在清楚自己的长处和工作方式的基础上，明确"我属于何处"其实是在帮自己筛选出那些不适合的工作，甚至是排除诱惑，这能够减少我们走弯路的概率。

·"我如何学习"。

这个答案决定了在漫长的职业生涯中，我们的后劲有多足，究竟能走多远，能站多高。

30岁以后，我们会在自己的职场生涯中有不同的选择。如果打算这辈子在一个行业稳扎稳打做到底，那需要有一颗能"沉下来的心"去钻研，不仅仅是简单的一万小时定律那么简单，还需要有适合的人给你及时、中肯的反馈以及自己的刻意训练。

第二步，如果打算转行跨界，需要在以下3方面做好。

·离开时，确保在原有领域做出成绩。

一定不要在最颓、最衰、最丧的时候选择离职，不管未来你有多成功，都不能抹去在此时此刻你临阵脱逃、不负责任、能力欠佳的形象。而且临阵逃脱很容易降低自信。

·善用资源、物尽其用。

著名社会学家、斯坦福大学教授马克·格兰诺维特写过一篇著名的社会学论文《弱联系的强度》，提出的看法是"人脉的关键不在于你融入了哪个圈子，而在于你能接触多少圈外人"，即"弱联系者"，因为他们与你的背景、资源、掌握的信息不太重合，所以更有机会帮你实现转行。

·不走寻常路，才能走出自己的路。

只有当你有特色时，新雇主才会对你产生兴趣，愿意去琢磨你的价值和无限可能。比起职场上的"不可替代"性，最好也最容易的做法是想想自己的特殊才华在哪里。毕竟，前者需要得到很多人的承认，我们难以把控，而后者，则可以尽在自己的掌握中。

第三步，选择在30岁以后暂时离开职场重返校园去读书充电也是一个不错的选择。

我身边已经有3位好友选择在而立之年"回炉重造"。但不能因逃避工作、从众心理去读书，如果你的情况符合下述4类之一，充电是个好选择：

类型一：需要通过深造才能跳到更好的平台。

类型二：你有明确想要从事的行业，希望能深入该领域。

类型三：你想转行，需要返校学习相关领域的知识作为跳板。

类型四：无关喜好，深造纯粹是因为工作上的硬性需要，比如科研院所评职称，想在高校从事教职工作。

《哈佛商业评论》曾写过这样一则故事：

"奥黛丽·德·达马斯·诺丁在52岁时被任命为道达尔石油事业组人力资源高级副总裁，54岁时被任命为道达尔集团高管（32人之一）。在她20多岁时，她在商业方面有着快速多变的学习曲线。然而有了3个孩子之后，有8年时间她的事业处于'停滞时期'。在38岁的时候，她参加了公司内部领袖培训项目，使她重新进入事业加速提升的阶段。

现在，56岁的她位列世界石油巨头公司的最高管理层，在未来10年里，她将发挥更大的领导作用。50多岁并不意味着老之将至，随波逐流，而是要更懂得人生的游戏规则，要更加关注结果。"

50岁尚且如此，何况区区30岁！

你是否已患有职场抑郁症

　　昨天接到D的电话，说正在考虑是否要回老家找份轻松点的工作。D就职于一家世界顶级咨询公司，一年有一半的时间做"空中飞人"，最熟悉的地方却只有各地各国的机场；年薪不少，吃的最高级的饭通常却是商务舱的餐点；住了不少五星级酒店，自家装修好的房子却待不了几天。

　　虽说D的工作确实辛苦，但待遇也着实不错，于是我问他这么好的工作辞了不可惜吗？回老家你可就屈才了。

　　D说工作忙、压力大他都能扛住，但最近一个多月，他在工作时间经常胃部疼痛、头晕目眩，甚至不由自主地开始抽噎和哭泣。他去医院做了检查、看了心理医生，得出的诊断分析是极度缺乏休息、营养不良，外加职场抑郁症。

"没想到我这么没心没肺、身强体壮的人也会中了抑郁症的招儿。"D无奈地说。

职场抑郁症的研究发端于日本，是日本职场中普遍存在的一种心理疾病。由于近10年日本职场人士因为工作而患有抑郁症的人已突破百万，由此造成的自杀人数和经济损失过于惊悚，所以日本情绪障碍症协会（Japan Society of Mood Disorders）已对这一疾病进行立项研究。

职场抑郁的最大特征是，患者在私人时间里能够正常、愉快地和朋友们来往、参加休闲活动，一旦进入工作模式，就会感到精神抑郁甚至伴有生理上的疼痛。如果下述症状你中了一半，你可能已经患有职场抑郁症。

· 对自己目前从事的工作认同感较低、看低自己；

· 不愿意和周围的同事有积极互动、合作；

· 工作时间精神萎靡、情绪沮丧或易怒；

· 工作倦怠、对工作结果不再关心或持续焦虑；

· 对工作中的大多数事物怀有抵触情绪，比如领导、企业文化、办公环境等；

· 下班时间也会因为工作上的事焦虑、担心；

· 因为工作而产生生理疼痛，比如头痛、胃痉挛、肠绞痛、头晕；

·记忆力、反应力下降、进食过量或厌食、睡眠障碍。

职场抑郁症一般不容易发生在职场新人身上，而工作已有段时日，或者刚转换了岗位、部门、新的工作环境的人容易患上职场抑郁症。导致这项心理疾病的原因主要有4点：

第一，作息时间。如果作息时间非常不规律，比如长期熬夜、轮班、跨时差工作，就会影响生物钟，造成内分泌失调，从而诱发职场抑郁症。

第二，工作压力。如果从事的工作具有非常大的竞争性，长期处在人事斗争激烈的环境中，需要在紧迫的时间内完成任务，或者需要定期进行业绩汇报，比如销售，也容易患有职场抑郁症。

与之相反的另一种"工作压力"是工作过于轻松、简单，难以满足个人心理上的成就感和他人的认同感，也就是觉得自己的工作没有价值，这类人，如果稍有野心或上进心，也容易患上职场抑郁症。

第三，工作环境。这里更多地指精神上的环境。当和同事关系不融洽、缺乏合作和支持的伙伴、需要独自承担更多工作时，因为压力难以排遣，积久成习就会抑郁。

第四，频繁变动。无论是经常换岗还是频繁跳槽，都需要不断地适应新环境、新同事，这不仅会造成很大的生活压力，也会使自己的精神长期处于无法放松的状态。因为任何新事物容易带来新鲜感，同时也会带来警惕性，由此也会导致职场抑郁症。

• 你是哪一款职场抑郁症。

早稻田大学心理学教授小杉正太郎在《职场抑郁症》一书中把这项心理疾病分为：力竭型、认输型、丧失型、逃逸型4种。

第一种：力竭型。如果在学生时代你是优等生、有些自负又有较强的责任感，容易患上力竭型职场抑郁症。这类人从小习惯了优秀，认定的目标一定要实现，所以会全力以赴甚至"超载"投入工作，直到身心俱疲。他们在别人眼中也许只是一名工作狂，也看不出有何异样，直到有一天，他们因为体力透支、压力过大而精神崩溃或者猝死。

第二种：认输型。如果你是做事认真但又不太善于表达自己情绪的人，有可能会患上认输型职场抑郁症。这类人由于受到不平等对待、上司提出不合理要求时不敢发声，只能郁闷忍受、内心服输。

第三种：丧失型。通常意志脆弱的人会因为工作上遭遇重大变故，精神无法承受而患上职场抑郁症，比如自己的工作岗位突然没有了、刚刚开展的重要项目戛然而止等。

第四种：逃逸型。如果你是自尊心很强的人，或者身处要职、曾经创造过不错的工作成绩，那要小心自己患上逃逸型职场抑郁症。这类人可能因为职位的变动、短期内没能取得满意的结果而喜欢沉浸于过去的荣耀。现状令他们自尊心受伤，精神也容易崩溃。

•摆脱职场抑郁症的关键。

工作虽然没有义务为我们提供愉悦和欢乐，但也不该成为折磨。不要等到崩溃或接近临界点时才开始重视，而是在平时就要防微杜渐。以下方法可以帮你有效抵抗职场抑郁症：

第一，创造积极抗体。如果你的抑郁来源于同事的负能量，不妨尽可能远离、中和他们。比如，减少和同事一起抱怨，而是尽可能去用积极的态度回应对方，或者多和正能量、乐观的同事待在一起。

第二，给自己洗脑。积极心理学之父、美国心理学会主席马丁·塞利格曼曾在TED里提到5个积极心理习惯：写一封2分钟的Email；表扬一个你认识的人，写下3件你觉得感激的事；花2分钟记录下一段积极的经历；做30分钟的有氧运动；冥想2分钟。这5件事里，每天能坚持做1件～2件，已经足够减缓工作带给我们的负面情绪了。

第三，睡眠乃竞争之母。为工作牺牲睡眠是普遍的事，但哈佛医学院医师、全球顶尖的人类睡眠周期专家查尔斯·蔡斯勒（Charles A.Czeisler）明确表示：如果你想要提升自己和公司的绩效，就得注意睡眠这个基本的生物学问题。

睡眠不足将消耗大脑前额皮质中的葡萄糖，而它是负责我们自控力的。充足的睡眠可以储存葡萄糖，帮助我们在工作中减少犯错、提高效率。所以，睡得好才能干得好。

总之，工作是人生的重要组成部分，我们有责任与它和谐相处、善待彼此。

别让自己成为职场"囚徒"

小凡来找我做职业咨询时刚工作半年。她从上海一所重点高校研究生毕业，历尽各种面试、笔试"斩杀"了众多对手后，最终突出重围拿到了一家世界排名前5的快消公司的录用通知，刚过完试用期转正，没想到来找我咨询的第一个问题是"我要不要辞职？"

小凡辞职的原因不是对薪资不满、也不是觉得公司未来没前途，而是同事J让她很泄气。

J在这家公司已经工作4年了，KPI不算优秀但也没垫底，4年来始终维持中等水平。但J总是有意无意在小凡面前"唱衰"部门和公司。比如，小凡参加完新人培训会后觉得未来一片光明、斗志满满，J就在一旁带着似笑非笑的表情说："又给你们新人画饼呢？"

小凡跟着J去见潜在客户，连她一个新人都看得出只要J加把劲儿"临门一脚"该客户就被"拿下"了，J却不温不火地说："无所谓，你再对比一下别家我也可以理解，各有所长嘛。"结果，最后那位客户就被竞争对手公司签走了。

还有，午饭时小凡和另一位新同事聊起未来的职业规划，认为"3年资深、5年主管"，J冷不丁地来一句："你们对公司还真是死心塌地啊。"

小凡很困惑，她工作了半年觉得公司各方面都不错，自己干劲十足，但每次J总是无形中"泼冷水"，小凡说："J在这家公司干了4年，肯定比我更了解这里，这让我越来越怀疑自己的选择是不是错了？"

还真不是小凡耳根子软、没主见，J这种员工很容易把别人"拉下水"。

位列全球第4大人力资源咨询公司的Aon Hewitt发布的《是谁在给你的企业拖后腿——如何解决职场"囚徒"问题》报告中（以下简称《报告》）提出"职场囚徒"这一概念，指"既不会正面宣传公司的形象，又不会努力工作，而且还打定主意继续留在公司，这些人并不是一般意义上的不敬业者——他们非但不努力工作，而且还不去另谋高就，既缺乏进步的动力，也没有离开的勇气"。据统计，像J这种在同一公司任职4年的员工，职场囚徒的占比达7.7%。

根据上述定义我们可以发现自己身边的职场"囚徒"不乏其数，甚至，我们自己就是其中一份子。

职场"囚徒"看上去像是被"卡"在了自己的职业生涯中，并且随着时间的流逝，当事人在卡壳中逐渐消磨了斗志、放弃了改变的意愿，最终变成了职场中上司不青睐、同事不亲近、新人不尊重的一类人。

我相信大部分初入职场的人都曾像小凡那样万丈雄心、斗志昂扬，但最终一部分人无可避免成为了J，这种变化是由内外两种因素造成的。

从外因来看，一个企业的薪资体系和晋升体系设计是否完善、执行是否到位会在很大程度上影响一个员工的成长走向。

一般认为，没有合理的绩效管理和薪酬设计容易导致职场"囚徒"的出现。的确如此，但根据Aon Hewitt在《报告》中的调研认为这个"不合理"并非是公司给少了，相反，是给的高于市场平均水平。高于市场平均水平的薪酬是'囚徒'群体形成的原因之一。

这也是为什么 J 对公司充满了"冷嘲热讽"却依然在那里做了4年，不是忠诚、也不是懒，而是自己算完账后发现个人的既得利益还是很划算的，所以能混就混、能忍就忍。

另外，长久在同一岗位做同一业务也容易变成职场"囚徒"。

我并非鼓励大家积极跳槽、频繁换岗，而是自己心里要清楚随着年限的增加自己做的这份工作的轨迹是持续水平状还是螺旋上升状。

没有进步和挑战的工作非常容易让人进入混日子的状态，而混日子的人多数是没有正能量的。

我把一个人对一份工作的感觉分成6个时期：蜜月期、磨合期、成熟期、瓶颈期、厌恶期、惯性期。

一般辞职的人基本"败走"在磨合期、瓶颈期或厌恶期3个阶段中的任意一个，而职场"囚徒"们比较有意思，通常他们都熬过了前5个阶段，进入第6阶段惯性期后就再也难以产生变化。但这种"熬过"并非是那种克服困难、咬牙坚持积极、励志的熬过，职场"囚徒"的熬过是消极的，多由自己的内因造成——他们对业务烂熟于心却又害怕接受挑战、脱离舒适区。一言以蔽之就是职业理想、或职业抱负的缺失。

我们要承认职场上总有不少人是求安稳先生、差不多先生、混日子先生和怕苦怕累先生。

　　国内曾有一个人力资源网站做过一项关于职场"囚徒"的调研，有超过万人参与了此次调研，其中近15%的参与者认为自己是职场"囚徒"。

　　甄别自己或身边的同事是不是职场"囚徒"不能仅从工作业绩来评估，因为他们的绩效虽然不太高，但也绝不算差；他们不会完全抹黑公司，但也不会用积极的态度去宣传公司、以公司为荣。总体来说他们最突出的特点就是对工作和公司的认同感不好。

　　想从"囚徒"的卡壳中脱离出来有3种从轻到重的方法可供参考：

　　第一，轻量级：多接触正能量、有野心的同事。心理学中有一个定律叫吸引力法则（The Law of Attraction），大意是思想集中在某一领域的时候，跟这个领域相关的人、事、物就会被他吸引而来。如果你是一个想寻求改变的"囚徒"，那就应该尽早寻求一种氛围让自己的不满、埋怨和不认同有所减弱。

　　第二，中量级：申请调离岗位、挑战新任务。工作和爱情一样，想要在稳定的基础上维持新鲜状态是需要"刺激物"的。我们很难让自己避免对数十年如一日的工作内容和模式产生审美疲劳，但我们可以换个岗位、开始新技能的学习、以及接受新挑战来让自己对工作再次心动起来。

第三，重量级：辞职。如果你是重度"囚徒"——不容易受他人影响、且认为这份工作/公司几乎一无是处——但确实又想改变，那只能对自己下狠手了：辞职。彻底换个新环境让自己重新上路。因为釜底抽薪、破釜沉舟、革旧鼎新的结局未必不好。

如果你身边的同事是"囚徒"，请参考我给小凡的第一条建议：务必远离J。

第六章

◎

爱情焦虑，
没有永远爱你的人

没有永远爱你的人

有时我会想，如果李清照和赵明诚白头到老，他们的爱情故事还会被传颂吗？那些美好大概会变成另一副模样吧。

过去，为了攒钱购买名人书画和古董可以不吃肉，不买华服、首饰和高档家具，日子久了，会不会变成"你看，我都好久没买包包了"？

过去，帮老公一起编纂《金石录》时那些为他做的解答，夫妻间玩的猜谜、翻书、饮茶的小情趣，日子久了，会不会变成"好无聊啊"？

过去，能够闭门谢客、废寝忘食3天作词50首，只为超越妻子那首《醉花阴》，日子久了，会不会变成"哪有那个闲工夫"？

我们总以为爱情应该是永远的"眼波才动被人猜"，不承想，有一天也会碰上"一枝折得，人间天上，没个人堪寄"的尴尬与无奈。可这就是爱。怦然心动、至死不渝、琴瑟和鸣般浓烈又美好的感情，终究会被漫长、琐碎的时日淹没。最好的爱情只会发生在恰到好处的死亡、有些歪曲想象和模糊的回忆里，现实中的爱都是打过折扣的。

社会心理学家罗伯特·斯滕伯格提出过一个概念——爱情三角理论。他认为爱情由3个基本成分组成：激情、亲密和承诺。激情，是爱情中的情欲成分，是情绪上的着迷；亲密，是指在爱情关系中能够引起的温暖体验；承诺，指维持关系的决定、期许或担保。

我们姑且认可爱情里的这些成分，然后你会发现，激情、亲密和承诺都是无法恒久的因素。

看山是山，看山不是山，看山总归还是山的不仅是禅宗，还有皮囊。所以，激情就和玩儿过山车一样——那一瞬间翻转是刺激的，但长久坐在上面只有痛苦。

再说亲密，罗伯特定义得很好——能够引起温暖的体验。确实，我们在爱情里或多或少都有过被温暖、被感动的时刻。他不远千里冒着雪把自己送来给你惊喜，他五谷不分却愿意为你花一天时间煲汤，他送过来的恰到好处的让你可以安心流泪的肩膀，他解救你于危难时的坚定和勇气……只要你不太计较，爱情里到处都是"暖宝宝"。

可难就难在，爱情中"温暖的体验"不是用皮肤而是要用心去触及体验的，关于"人心"，我们向来听到的都是"人心难测""人心叵测""人心隔肚皮"这些让人瞬间丧失信心的话。

比如，你在电影院看着一部唯美的爱情片哭得死去活来，却不小心会被他酣睡的呼声打断；他分不清你口红的颜色、包包的形状、发型的变化，正如你不懂他玩的那些游戏，规则和画风到底哪里不一样。可见，让我们丧失温暖体验的有时未必是真心不足，实在是因为性别、基因、背景、阅历、认知等客观存在，阻碍了我们相互取暖。

说真的，靠别人的小太阳让自己发光发热，不如"对自己好一些"这个老梗来得有效。更何况，就算你们彼此心意通达，是灵魂伴侣的楷模，可耳鬓厮磨久了，也难免厌烦对方的哈气和喷到脸上的口水。

亲密，接地气的说法就是习惯。因为习惯了发生在自己与对方生活里的一切，所以距离感才会为零，让彼此产生亲密无间的错觉。

至于承诺，简直就是人类在两性关系里搞出来的最多余的事物。明明知道无常和变故难平息，偏偏就是"信了你的邪"。"承诺"最让人无奈的地方在于它不像生意"都好商量"，"承诺"是一根筋轴到底，容不得妥协。比如，如果对方承诺了你Ａ，最终未兑现，你会崩溃；如果对方承诺了你Ａ，最终反悔了，妄图用Ｂ去补偿你，你还是会崩溃。就像你原本指望对方给你一辈子的爱，但他最终把房子给了你，把爱给了别的女人，难道你会因为得到了房子就释怀吗？虽然较之第一种结局，你可能会有所安慰，但伤心总是难免的吧，因为你真正想要的东西那个人不能给你了。

　　只可惜罗伯特·斯滕伯格告诉了我们爱的成分，却没有告诉我们如何动用这些成分让爱鲜活如初。因为激情、亲密和承诺注定不能恒长久，所以世上并没有永远相爱这回事。

　　那就不爱了吗？或者要爱得小心翼翼、有所留会比较好吗？这未尝不是一种爱的方式，对某类人也许适用，不过有点可惜，采用这种方式的人在爱情里不会失控，但注定也不能尽情享受。爱情中应该有理性的成分，但爱情毕竟不全是理性。

　　数学再好，也算不出爱情里的最大公约数。既然有保留的爱不够好，那就有梯度地去爱吧。

　　和我一起长大的莹就是一个对爱的分寸拿捏得特别得当的人。在热恋时，她会沉醉在另一半给她带来的浪漫温馨里，成为一个小鸟依人、享受照顾的女生。结婚后，她会多一份理智去看待二人的关系，而非一味要求继续维持过去的浪漫。

比如当老公忙碌、疲倦时，她并不会因为另一半不能陪伴她而心生埋怨，从而开始怀疑两人的感情，而是非常体谅对方的不易，自己安静地处理事情，与朋友相聚去打发那些闲暇的时光。虽然平时莹也会和老公撒娇、小任性，但她并不是无休止地让老公去迁就自己，遇到需要讲原则、讲道理的事情时，她会收起小女人心，恢复理智去共同讨论、解决。

莹的爱情让我明白：

你可以享受爱情刚发生时的心动，但不要指望一生中爱情都让你面红心跳。

你可以享受爱得浓烈时他给你的宠爱和任性的空间，但不要指望那个空间无边无度。

你可以享受大部分时候他对你的理解和善意，但不要指望他时时刻刻都灵魂伴侣附体。

你可以深陷在"相爱到永远"的故事里，但不必非把日常生活演成王子和公主的童话。

其实，就是要爱得明白些：这个世界不会有一种伴侣，能够时时刻刻、不知疲倦、360° 无死角地去爱你，像开始那么新鲜，像永远那么缠绵。

　　如果真有这样的人和你共度一生，难道不恐怖吗？他得多没追求，才会在自己的全世界里只摆满了你？人生≠爱情，人生＝爱情＋很多很多其他事。

　　抓住"相爱到永远"死死不肯放手的下场就是你会在一小段时间里感叹：一生太短暂，不够我们爱下去；然后大部分的时间里你会哀叹：一生太漫长，怎么打发都很难熬下去。

前任是你最好的"老师"

收到小表妹给我发的关于前任的信息。留言很长，内容无奇，无非就是大学校园恋情里甜蜜相爱、任性相交、分分合合，然后分手、念念不忘的故事。留言的结尾干净利落，三个字，问我"怎么办？"

看完这则留言，内心的一个感慨是：人类进化了这么多年，好多事情都取得了巨大进步与发展，唯独在两性世界里还是玩不出什么新花样，套路终究是出奇地一致。

"前任"这类话题实在比较敏感，说不好就会变成怨妇、装坚强，或者得罪现任，所以我几乎不写涉及前任的文章。可小表妹来求助了，不理又不好。不过坦白讲，对于任何一种结局不好的感情，当有人问起我"怎么办"时，我的答案都是无解。我不擅长这方面的分析，所以只能把答案简单粗暴的归结为"挨着"。挨不过，你可能就会去殉情（虽然比例很小），挨得过，你也许就迎来下一个春天。

这世上，很多鞭辟入里的分析，很多众人首肯的道理都会对人奏效，唯独感情这事儿上是有理说不清，说得清当事人也不一定听得进，听得进也不一定做得到，做得到也不一定就真是心甘情愿。所以，对小表妹我深感抱歉，发了"挨着"两个字过去，虽然简短，却是我能给出的最有诚意的答案了。

不过，当现任成为过去时，我们除了懊恼、伤心、憎恨、咒骂、怀念之外，其实还有一些比较理性的方式去看待前任。我是个实用主义至上的人，总觉得一件事情发生过，不扒下点什么就有些难受。所以，这篇文章就带你来解剖一下前任，看看他留给你的价值有哪些。

第一，无论多难过，都不要因为失恋而去损害自己的健康。虽然为情自杀的人是少数，但为情伤神却几乎囊括了所有情场失意的红尘男女。

我有一个朋友和男友分手后，喝了3天酒直接胃出血躺倒在医院。躺在病床上时，她说之前疼的是心，现在既心疼还身体疼，真不划算。还有我大学的室友，和男友分手后绝食两周，每天以泪洗面、以水充饥，最后晕倒在宿舍送急诊打吊针，前男友也并没有过来探望一分钟，自己反而落了个"痴情种"的名声在男生那里沦为笑谈。

找好友咒骂对方、大声哭泣，使劲流泪、失眠都可以理解，但千万不要打着难过的旗帜去放纵自己买醉、绝食。有一天，当你幡然醒悟时会厌恶这样的自己，这一定是世上最不好的事情。

第二，有些事实在没必要追寻原因，感情就是其中一项。以前看琼瑶剧最怕看那种女主告知要离开男主了，男主抓着女主的双肩猛摇，一边摇一边大吼："为什么？你为什么要离开我？"看着都替女主的胳膊疼。

世上有多少对分手的情侣，就可以有多少个分手的理由，但所有理由归结起来不外乎3个：他不爱你、你不爱他、你们相互不爱彼此了。

相爱时，好好爱。他喜欢你也许有千百个理由，也可能并没有理由，但这不妨碍你们相爱。不爱时，好好散。分手时，他也许还对你还有不舍和依恋，或者唯恐避之不及的厌恶，但都不重要了。分手就意味着这段爱情画上了休止符，你该继续前行了。

第三，把每一次投入的感情都当成是收获，而不是损失。也许你会后悔曾经在一份感情中爱得太深；也许你会后悔曾经在一份感情中破费太多；也许你会后悔曾经在一份感情中就轻易地把自己交给了对方。但这个世界上没有一件事情是免费、不需要付出和绝对公平的。如果你曾经在这份感情中获得过快乐、满足、感动、成长，那这些学费就交得值得。因为，分手后每一次计较，最后伤害的都只是自己。况且，对方又何尝没有付出呢？

第四，不要因为一棵树死掉而对整片森林绝望。你们是刻骨铭心的初恋；你们是茫茫人海中一见钟情的彼此；你们是朝夕相对日久生情的一对。无论你们过去曾是什么，只要没能走下去，就说明一定有阻碍你们在一起的原因。

不管是爱够了、太累了、不懂事，还是家人的阻挠，分手了就说明这是你们自己的选择——无论主动还是被动。人是不该因为自己的选择而放弃自己未来的人生的。长久悼念上一份感情不能说明你长情，只能证明你是一个无法担当自己抉择的人。

所以，走出去，用好的姿态去迎接下一份感情才是唯一的出路（不要问我怎么做，如果一定要问还是那俩字"挨着"）。虽然不易，但你不能放弃。别因为一次失败的感情，就给自己找爱无能的借口。这世上没有爱无能这回事儿，要么是你还未遇到对的人，要么是你在逃避。

第五，一份失败的感情也可以是一堂宝贵的课。这么讲也许有点功利，但没有在一起并不意味着这不是一段好的感情。如果彼此有成长，那曾经的在一起就是值得的。你要知道自己在这一次的经历中哪里可以做得更好，下一次才可能拥有更健康、更美好的感情。

嫌弃男友猜不透你的心思，那就在下一份感情中更坦率地沟通你的想法，不要让对方一遍遍猜测你的心意；嫌弃女友事事都依靠你，那就在下一份感情中学着放手让对方更自立。分手是一个巴掌拍不响的事。

第六，复合不是问题，但反复玩这套把戏就是问题。分手了，但两个人都余情未了、心有不甘，不做好马吃次回头草无妨。这世上不乏复合后终成眷属的例子。但这个游戏如果反复地玩，就挺没劲的。

第一次复合说明你们还有改正自身缺点或解决问题，想要在一起的意愿和决心。复合的次数多了，只能说明：要么二人关系中的问题无法得到解决；要么你不仅没有能力改变现状，还没有勇气看向未来。

当然，还有一种可能是，你们二人只是想维持一段单纯的性伴侣关系，问问自己这是你想要的结局吗？

第七，彻底断绝VS保持联系。分手后是否与前任保持联系？

其实答案本身并不重要，重要的是你只需要记住：无论你们是老死不相往来，还是偶有互动，你们都不再是那对相爱的人，也不会再成为彼此最爱的那个人。

前任通常可以分为两类：有一类叫为什么不早点分手的坏男坏女，还有一类叫错过有点可惜的好男好女。无论过程多不同，只要分手了，结局都是殊途同归。只要你自己内心是个阳光、正能量、元气十足的人，什么样的前任都可以成为你情感道路上的一笔精神财富。

不过，如果你选择继续和前任保持联系，即便联系不多、只是朋友圈的点赞之交，也请顾及一下现任的感受，毕竟他才是更有可能和你度过一生的那个人。一切因为前任而伤害现任的做法，都不值得！

前任可以是一场灾难、一次美好的回忆、一次警醒，不过我更愿意把前任视作一本教科书。在这里它会教会你如何去爱、享受被爱，以及成为更好的自己。

爱情里的"三观一致"

　　爱情里的"三观"指的是世界观、人生观、价值观吗？反正我不是这样定义三观的。很简单，因为它们太抽象啦。

　　我当然知道"世界观"是指人对事物的判断的反应，是人们对世界的基本看法和观点。可是请问，这个解释放在爱情里如何实践，又如何对爱情奏效？总不能说，一方对整个世界持悲观态度，另一方持乐观态度，他俩就一定会分道扬镳吧。世界太大，命运无常，你怎么知道自己何时就会被一点芝麻小事撬动心房、掀起波澜，改变了看法，重新爱上或恨起这个光怪陆离的熔炉？况且，把一个个微小的、独立的"我们"放进"世界""时空"这些巨无霸中，又能产生多大的化学作用呢？

　　爱情，是一件大事，因为它涉及人类中的每一位成员。但爱情也是一件小事，因为它太个体化、普世化。有时候，它平凡得几乎只是落实到吃喝拉撒、柴米油盐。对每一个个体来讲，我们的爱情与世界鲜少关联，更多的是和世俗有关，带着尘土烟火的味道。所以，当我们说爱情里的三观时，它不该是世界观、人生观、价值观如此雾里看花、水中望月的抽象。爱情可以浪漫，但它的三观应该实在。所以，我是这样理解爱情里的"三观"的：

第一，金钱观。我曾说过这世上所有的关系本质上都是财务关系，爱情当然也不例外，不能谈钱的爱情都会速朽。虽然有情饮水饱，但现实中无论多好的爱情还是要解决穿衣吃饭生活问题，如果金钱观不合，再甜蜜的爱情也会碎一地。

金钱观本质上不是一个人对金钱的看法，而是对如何去使用金钱的看法。

我曾写过一篇被好多人赞，也被好多人骂的文章《有些钱真不能省，一省就很Low》表达我对初次约会使用团购券的看法——略鄙视。文章大概陈述的看法是：对女生来说，初次约会是一件很有仪式感的事情，不要求去吃多好的馆子，但起码在你付账埋单的那一刻能爽快一点，不要抠抠搜搜。于是因为这样一个观点，我被骂惨了。

骂我的人有两类：一类是嫌我不够节俭，有优惠券不用，脑子有病；一类是嫌我作，男生付账已经很不错了，还叽叽歪歪。真是无力辩驳！因为无论我在文章里表达得多清楚，我不喜欢用团购券仅限于"初次约会"，以及"男生请女生吃饭，女生可以回请男生看电影，请不要占便宜"这些意思，和我金钱观不同的人总是能神奇忽略这类话，把"装"和"作"这两顶帽子扣给我。所以，那些分别持"今朝有酒今朝醉"和"深挖洞、广积粮"的情侣一定不会长久。

爱情中，贫穷不可怕，可怕的是一方觉得应该用花胶煲汤，另一方却觉得不就是碗汤么，为什么不用番茄和鸡蛋就好了？

第二，性爱观。性于爱情就像盐与饭菜，其重要性绝对值得在三观中占一席之地。你以为性是一件关乎肉体的事吗？不，它反应的其实是人性。

这绝不是上纲上线！听朋友讲过一个留学生的故事。姑娘和男友谈了一段时间后觉得俩人不太合适，因为她隐隐觉得这个男生有点装，不是在用真面孔对她。可男友觉得她多想了，两人还需要更近一步磨合，所以提出同居，女生也就答应了。

可是，同居后女生发现原来自己过去的感觉是对的，这个男生真的极其虚伪，简直就是一张行走世界的二皮脸。他一边和女生说不心疼钱，一边埋怨女生吃KFC的全家桶太奢侈；他当面和自己最好的哥们把酒言欢，一扭头就和女生说这人多虚伪。而这些虚伪反应在他床上的表现就是：明明不行，却非要装得很厉害。

性爱是一件需要两人合作完成的事，涉及合作就不可能完全顺畅、绝对平等。此时，伴侣是否在乎你的感受、是否愿意为你制造愉悦、是否尊重你的需求和要求，都能体现出这个人的品性以及你在他心目中的分量。很难想象，一个在床上只在乎自己、不管另一半的人能在现实生活中有多疼、多在乎你。

所以，床上见人品，不是没有道理。

第三，学识观。学识，既可以狭隘地指我们在学校接受的正统教育、从小到大耳濡目染的家庭教育，也可以包含一个人拥有的世面、阅历、见识。学识观决定两个人能否聊得来、聊得久。

我对学识匹配的看法比较固执：学校和家庭教育差距太大的两个人很难聊到一起。不一定学历非要旗鼓相当，而是两人所具备的对事物的看法、知识的储备和见识是否可以相提并论。

如果你还记得《生活大爆炸》前几季中每次佩妮对那几位天才讲笑话时对方的反应，就会明白为什么大家还是愿意找学历、见识匹配的伴侣，多优秀的小学生也很难和一名博士促膝长谈吧。而且，现在人人不都希望另一半有趣、幽默吗？这可不是讲两个笑话、说两个段子那么简单的事，它需要丰富的知识、广博的见识，以及相当的智慧。没有人能随随便便有趣，背后都是大江大海的累积。

我中学时期的好友在读大学期间被一位几乎没受过什么教育，很早就出来打工补贴家用的农村小伙子追求。一开始好友肯定是不待见的，毕竟二人从学历到家庭背景都相差比较远，好友虽不是富贵人家的孩子，但父母都是小学老师，自然也希望她能找一个门当户对的伴侣。

可男生对好友实在是太体贴了，你能想到的爱情故事里的浪漫情节他都执行了一遍，好友也没有恋爱经验，最后被感动，她答应交往。

没多久好友毕业，刚好男友正打算创业做建材生意，好友拒绝了当地一家会计事务所的录取通知去帮男友的初创公司做财务。公司刚成立每个人都忙到疯，她和男友所有的交集也都是谈工作，两年后公司步入正轨，二人也顺利结婚，婚后好友安心在家做主妇，此时，她才发现自己和相处了近三年的伴侣除了谈工作，真没什么共同语言。

好友喜欢陶艺，老公却嘲笑她日子过得太舒服喜欢做泥瓦工；好友喜欢去电影院看IMAX带来的震撼效果，老公觉得在家用电脑在线看也很好；好友希望老公出去谈生意时能穿得得体，为此还帮他精挑细选了西服、领带，老公觉得完全没必要，做建材的穿那么好都是浪费。

总之，好友过的是鸡同鸭讲的婚姻生活。最后的结局自然是离婚。

我们在乎学历、教育、见识的匹配是有道理的，因为这关乎爱情的长久与快乐。

我们每个人都可以对爱情有自己的定义，对爱情的经营之道有自己的方法，只是我觉得，在爱情里，如果金钱观、性爱观、学识观三观不合，爱情就很难长久、美好。

选择伴侣，不是终身大事

一个好伴侣对自己的影响能有多大？讲两个我身边的故事吧。

阿静是我的邻居，从小两家家长熟识，我们一起长大，有过很多美好的回忆。她是那种特别开朗、积极的女生，确切地说甚至有一种过头儿的积极。比如上学时，老师带着近乎羞辱的语言当着全班批评她题目答错了，一般的学生肯定会脸红害臊甚至难过得落泪，阿静的画风完全不同。她会当着全班同学和老师的面说"下次我会更细心一些"，然后附送一个大大的微笑。那画面像极了日本青春篇里元气爆棚的少女。

后来我去了外地上大学、工作、定居，和她断了联系。听说阿静在本地读完大学后留在了老家，嫁给了高中同班同学磊。磊成绩不好，只读了大专，毕业后家里托关系进了一个国企做技术员。阿静的父母一直反对这门婚事，磊是一个没什么上进心，平时下班就喜欢和一群朋友喝酒吹牛，对未来也没太多想法，赚两百就花两百的人。把女儿交给这样的男人，父母不愿意也能理解。无奈阿静一往情深，父母拗不过也只能随她。

再见阿静时已是"儿女忽成行"的年纪，休假回老家，我去蛋糕店拿给爸爸过生日订好的蛋糕，与阿静偶遇。她的变化让我震惊。30出头的阿静，因为身材变形和眼角的皱纹，看上去已然是大妈气质。发小许久不见，自然有很多话要聊，可是三句话都离不开她对自己老公的抱怨和这段婚姻的不幸。磊喝醉酒打了领导亲戚被开除，工作一直不稳定，家里的经济和照顾孩子的重担几乎都是阿静一人在扛。过去磊会对阿静说很多甜言蜜语，现在说得最多的话就是"别忘了下班回来给我带两瓶啤酒"。

"不是没想过离婚。"阿静说，"可是老公除了不上进、好吃懒做一些也没什么恶习，又不像别的家庭出轨、找小三，实在过不下去了。况且女儿才4岁，没了爹日子更不好过，家里总不能没个男人。"

这实在让人感叹，一个受过本科教育、30出头的女性，也能把奶奶、母亲那一辈常说的话说得如此熟练、自然。

"唉，我这辈子就这样了，为了女儿凑合着过吧。"这是阿静的无奈之语。

另一个故事是关于我大学同学辉的。

辉从小学习成绩不好，初中毕业一直四处晃悠，没个正经工作。家里比他小的弟弟、妹妹都独立、结婚生子了，只有他还是处在工作、感情都是三天打鱼两天晒网的状态。在35岁时他遇到了敏——一个来自农村，没受过太多教育，在商场做服装营业员的女孩。

辉和敏俩人一见钟情，但辉全家都不同意这桩婚事，虽然自己的儿子没啥出息，但也不能找个农村人吧。最后，经过一年多的分分合合、吵吵闹闹，二人最终有情人终成眷属，虽然并没有得到父母的祝福。

敏有服装销售的经验，一直想自己租个摊位单干，所以就拿出自己的积蓄和向亲戚朋友借来的钱总共5万元做起了小老板。她负责售卖，辉负责每天去批发市场拿货和淘宝线上售卖，虽然辛苦，但夫妻二人齐心合力生意很不错。

没结婚前的辉经常拿着公文包假装去上班，实则四处闲逛，眼高手低瞧不上很多工作，每天兜里的钱不超过20元；结婚后的他踏踏实实和老婆过日子、赚钱、攒钱，3年就付了新房的首付，有了自己的小窝。辉经常说的一句话是"娶了敏真是我的福气"。

这两个故事就发生在我身边，它们似乎不约而同地验证着一件事：人生伴侣的选择兹事体大。

的确，从小到大我没少听父母、老一辈人说"婚姻是一辈子的大事""女怕嫁错郎"，所以一直有找错伴侣毁终身的感觉，而周围发生的故事也一再印证了这些说法。

因为结识好的伴侣而拥有一段美好的婚姻关系的确对人生意义重大。美国维克森林大学的社会学专家及研究员罗宾·西蒙说："就是当我们生病的时候，已婚人士都比未婚人士恢复得快些。"

如果我们把婚姻看作一个经济共同体，而各自的伴侣就是新建立的家庭的合伙人。双方从此在各个意义上都被捆绑在了一起，"家庭"这个公司能否发展壮大、让自己受益，几乎有赖于相互选择的合伙人是否优秀。

所以说选择人生伴侣是终身大事一点也不为过。可时代毕竟不同了，是"大事"没错，但加上"终身"二字有点言过其实。

过去人的寿命有多长？50岁就算是长寿了，找个伴侣就算不满意，也是新三年旧三年、吵吵闹闹又三年，一辈子突然就到头了。而现在，我们的寿命基本上在八九十岁，就算你30岁结婚，你"终身"的年限也从过去的20年变成了五六十年，遇到一个不合拍的伴侣，还真是不好将就。

而对于"害怕嫁错郎"的女性而言，过去是没男人真活不了，现在完全不同了。

今天，因为随着女性经济独立、社会地位的提高，过去基于社会背景所产出的依附与被依附的关系已经有很大改善。很多女性已经不需要通过婚姻这种合伙协议来找一个男人让自己依靠，她们可以养活自己、家人和孩子。过去所谓的"终身大事"带着"嫁汉嫁汉、穿衣吃饭"的意义，现在因为女性经济和意识的独立则不再需要。因此曾经的"终身大事"，在现代社会里有了更多重新选择的机会和权利。

我们要承认的是，伴侣选不好的确会对自己有很大伤害，有些影响甚至是一辈子的，但也真的没必要把选到差伴侣和"误终身"画上等号，因为我们的"终身大事"其实有很多，不该只局限在选择伴侣、结婚上。比如：

"终身大事一"：让自己尽可能多地处于一种好的状态。

我是这样定义好状态的：保持生活上扬的趋势。无论是物质的充盈，还是在遭遇困难和问题时揣着一颗积极的心，我们应该让自己的生活少一些颓丧，只有螺旋式上升的生活是有意义的。

"终身大事二"：好好工作、努力赚钱。

过去我们之所以把选择伴侣看作终身大事，很大程度上和安全感这件事有关。男方觉得没有女方照顾家庭和自己是不安全的，女方觉得没有男方赚钱养家糊口是不安全的。

其实，安全感自己给最靠谱，而最显而易见的安全感是物质上的不贫瘠，所以当你没有更好的办法让自己"安心"时，不妨用好好工作、多多赚钱来换取安全感吧。

"终身大事三"：多保持一些理性。

"跟着感觉走"是一件美好却危险的事。不是说感性就一定不好，但只会"感情用事"的人是幼稚的，容易让生活处于乱如麻的状态，除非他已经毫无理性意识不到这一点。选择或做决定，最好的状态是先用理性思考一番，然后在这个基础上再决定是要理性对待还是跟着感觉走。有了理性打底的"跟着感觉走"，会减少自己后悔和犯错的几率。

"终身大事四"：最美的感情不是只有爱情，还应对亲人和朋友也多些关爱和照顾。

不知道"重色轻友"是不是只发生在人类身上。陷入美妙甜蜜的爱情没有错，但一直"沉沦"是有问题的。人是群居动物，而爱情的容纳范围只有两个人，爱情会给你带来甜蜜，但同时也会对你有所禁锢。所以，任何时候都多留一些空间和时间给亲情、友情，至少要比你认为的再多留20%。

需要注意的是，即便选不好伴侣不会造成致命伤害，当我们在进行选择时，还是要有一些底线和标准来避免自己真的遇到不好的伴侣。在我看来，下面6条是择偶时应该慎重考虑的：

第一，不能有恶习。一些明显的恶习不能有，比如家暴、出轨、好赌、酗酒；还有一些隐性的恶习也要当心，比如：过于虚荣、懒惰、消极负面，喜欢推卸责任、刻薄、损人利己等。

第二，至少在某一方面具有共同性。朝夕相对一生，如果没有一些共同性真的很难持久。共同的方面可以是爱好、性格、习惯，或者不怎么费力就能适应到一起的三观（严丝合缝的三观我也不太相信其存在）。

第三，懂得欣赏。一个人的优秀与美好除了自身努力之外，还需要有人能看到、懂得欣赏。如果在伴侣眼里你平淡无奇，他看不到你的可取之处，这份感情就难以牢靠。

我很认同美剧《摩登家庭》里的一句话："这就是婚姻的可笑之处，你爱上了一个卓越优秀的人，但随着时间推移，却只能看到对方的平凡。"多真实也多可惜啊。

第四，明白性生活的重要性。曾看过一个报道，说日本结婚5年以上的夫妻有60%几乎不再有性生活。如果属实，也真够可怕。

我始终相信，也许和谐的肉体未必有和谐的灵魂，但一段和谐的关系一定是灵与肉的组合。

第五，经济、学识、阅历方面的差异不要过大。以前觉得真爱无敌，门当户对什么的都太势利。长大后才明白，门当户对的伴侣未必幸福，但不门当户对的伴侣真的很难幸福。

相爱是一段长久的旅途，荷尔蒙带来的激情褪去后，只有各方面——未必单指经济——的匹配才能撑得起共同的生活。

第六，能有话说，也能安于沉默。尼采曾说过："婚姻生活犹如长期的对话——当你要迈进婚姻生活时，一定要先这样反问自己——你是否能和这位女子在白头偕老时，仍能谈笑风生？婚姻生活的其余一切，都是短暂的，在一起的大部分时光，都是在对话中度过。"可见，在一段关系中能聊得来有多重要。

"能够聊得来"至少可以说明两件事：在一些方面，双方有共同感兴趣的事情能够交流；双方并没有随着时间的流逝而减弱对彼此的热情。

但好的伴侣不仅能聊得来，也能在该沉默的时候自在沉默。再好的关系也有需要独处的时候，所以，当我沉默以对时，希望你能理解我并非冷落了这段关系，而是你能够理解作为一个独立体，我需要个人的空间。

　　不妨试着把选择人生伴侣看作选择去哪家餐馆招待贵客，穿什么衣服去见重要的人——慎重、思虑周详，很重要，但又不决定全局。

爱你的人，都是行动派

你认为爱是什么？是无怨无悔地牺牲奉献？是一位懂你的灵魂伴侣？是两个结合在一起但又保持各自独立的人？还是简单粗暴点，一个暖床的伴儿、一个和你生孩子的人？

每个人都对爱有自己的见解，而对我这个务实的人来说，爱就是行动。

爱，应该是做出来的！一个爱你的人，至少应该在以下3方面愿意为你有所行动：

• 精神方面。

对于爱来说肉体重要吗？太重要了啊！没有性生活，漫漫长夜怎么度过呢？但如果只有这点追求，充气娃娃们早就称霸全世界了吧。相伴在你身边的那个人，如果彼此没有精神默契和交流，别说七年之痒了，估计新鲜劲儿一过，7周就想各奔东西了。所以，在爱情里，精神方面更需要呵护。

什么叫"精神默契和交流"？说白了就是你俩有多少共同语言、能不能聊在一起。一个不爱你的人，在发现没有共同语言后，要么会把你定义成一个无趣的人，要么会说你们是两个世界的人，然后拍屁股走人。但一个爱你的人一定会"创造"有趣和共鸣，让你们在精神上也同步。

胖哥是我家楼上的邻居，两家有近20年的交情了。他妈碰到我妈聊3句话就能拐到胖哥的婚姻大事上来。比如，我陪我妈去买菜，她看见了就说真好，啥时候我也能有个儿媳妇陪我去买菜；我爸妈来上海看我和老公，她会说真好，啥时候我也能有机会去南京看我儿子和儿媳妇，而不是只看我儿子一个人。

胖哥30岁的时候还是单身。他的专业是天体物理研究。别问我那是什么，大概就是在科学院里"搞"宇宙吧。

有一次我脑子抽风，问胖哥啥是天体物理。胖哥兴致盎然地跟我讲什么星际物质、红移、大爆炸模型。我听他说第三句话的时候脑子就自动关闭了。由此我对胖哥30岁还是单身一点都不感到意外了："搞"宇宙的人应该都不太会"说人话"吧。

去年出国前我回了趟老家，听我妈说胖哥结婚了，老婆是中学英语教师。什么！一个天体物理，一个英语专业，这简直就是南极和北极啊。宇宙到底是动用了何等力量才让他俩走到一起的？

揣着一颗八卦心我就去拜访这对新婚夫妇了。去的时候夫妻二人正在看BBC的一部关于宇宙大爆炸的纪录片，老婆拉着她问东问西，就像个新出生的婴儿对世界充满了真诚的好奇；胖哥呢，则是满脸幸福地传道授业解惑。趁他老婆去厨房帮我切水果时，我调侃胖哥，你行啊，成功点燃了嫂子热爱科学的热情。胖哥一脸无辜地说，没有啊，是她自己感兴趣搜了好多这方面的资料问我，我就给她科普答疑呗。不过，你嫂子真行，一个学文的，现在我俩闲聊居然也能谈谈暗物质和暗能量了。

我怕他继续给我科普宇宙，发现胖哥手边放着英文版的《红楼梦》，就赶紧转移话题指着那本书说嫂子真是能文能理，智慧超群啊。胖哥说，哪儿啊，这书是我看的，她特喜欢《红楼梦》，尤其是戴维·霍克思这个版本的，所以我找来读读。

那一刻我瞬间秒懂，你爱一个人，自然愿意去涉足他的精神领地，为他尝试新知识、为他舞文弄墨，让自己曾经的那片荒芜之地变得花团锦簇。所谓的情投意合，就是愿意为了和爱的那个人精神上门当户对而去努力。

•细节方面。

都说细节见人品，其实细节更能见真爱。因为你在乎一个人，所以恨不得把他的方方面面都看在眼里、装进心里。

杰瑞是我大学同学小婉的老公。他虽然叫杰瑞，但一点都不像猫和老鼠里那只萌萌的小老鼠，而是一个能光着膀子、用牙齿咬开啤酒瓶盖儿，然后蹲在路边撸串儿的东北大老爷们儿。小婉呢，是讲一口吴侬软语，弹得一手好琵琶的苏州妹子。对他俩这种神奇的组合，我们也是一脸懵。

后来小婉生完孩子坐月子，我们去家里看她。杰瑞看起来还是那么糙，于是几个女生就八卦，问小婉当初为啥没就近找个南方老公，多会疼人啊。小婉带着一脸"什么？"说，不会啊，我觉得北方男人又阳刚又细心啊。

你们看到了吗，我家的床头柜、茶几、饭桌、化妆台上时刻都会放着一瓶矿泉水，因为我特容易口渴又经常懒得喝，所以杰瑞就在这些地方都放了一瓶水，方便我想喝时就能够得到；我们家洗手间的马桶垫，杰瑞使用完后都会放下来，方便我用。

我喜欢的零食、爱喝的饮料、最爱的衣服，杰瑞永远都会放在冰箱和衣柜里最好拿、最显眼的地方；还有，每次坐电梯，门开的时候杰瑞都会站在比我靠前一点的地方，用手挡在我身前，就是怕有人从里面出来急急慌慌撞到我。

哦，对了，还有……霸道总裁的壁咚强吻能让人心动一时，愿意为你做好每一件小事的男人不仅能让你心动，还能让你死心塌地到下辈子啊！

•未来方面。

如果你的另一半把大部分精力都放在了打游戏或买买买上，你还会相信你们的爱情有未来吗？至少我是很难相信的。因为真正的爱情不仅是贪图一时之乐，更要"但愿人长久"，而长久的未来是需要双方为彼此的情感账户里充值的。

最受不了那种嘴上说着"亲爱的，我要让你成为世界上最幸福的人"，然后你问他对我们的未来有什么打算时，他一脸懵懂地憋半天丢给你一句"走一步看一步、计划赶不上变化"的伴侣了。

如果你的另一半就是希望你貌美如花，那你就去健身房挥汗如雨啊。

如果你的另一半就是希望提高生活品质，那你就去努力赚钱啊。

如果你的另一半就是个吃货，那你就陪他一起胖30斤啊。

其实，我们并不是要求另一半在未来一定要美成林志玲，一定要成为千万富翁，关键是如果没有这样的目标，就不会有为之奋斗的行动，那请问未来在哪里？如果做这些觉得委屈，觉得丧失了自我，那别说你们之间是真爱。在未来的蓝图里，你的另一半有多重的戏份，你就有多少动力愿意为他努力。

我已经过了能被一句"爱是一种感觉"打动的年纪，毕竟那么完美的女主和青春校园剧的画风，我不好意思顶着自己这张老脸再说出来了，况且完美女主身边的完美男主和校园剧里的校草都常常有拉着对方私奔的举动呢。可见，行动才是爱的真理。

我们彼此相爱，付出行动才能深爱！

爱就是"你要盲目支持我"

很多知性、成熟、优秀的女生，内心都有这样一个"蛮横"的想法：我的另一半不必踩着七色云彩来接我，他只要能确保一辈子不管我有多荒谬，都会盲目支持我，就足够了！其实男性也一样。他们喜欢找温柔、善解人意的另一半。找一个来宠着、惯着自己的。

作为一个尚且算得上有些上进心的女生，我的确想从方方面面把自己打造得越来越好。生活上，成为一个作息规律、不自毁的人；金钱上，能够有能力得到它、更有能力享受它；接人待物上，要灵活对待、要少些计较、要有底线；处事方式上，能够用理性处理的尽量少动用感性的那一面。

一切都可以往更好的方向去努力，唯独在爱情上，无论你是一个多讲道理、善解人意，能够对另一半助一臂之力的女生，在内心的小角落里，还是会希望另一半对自己的爱可以更盲目、宠溺些。这与学识、教养无关，纯粹是植入女生基因的那部分荒谬心思在作祟。

我有一位认识了10多年的挚友，坦白讲她是个挺作的女生，不是小作怡情的那种作，而是作天作地作死人的那种大作。比如，她和男友去吃沪上一家有名的馆子，男友提前下班排了两小时的队，因为一道菜不合胃口，她就要放弃整桌菜，而去另觅一家餐厅，真正做到了吃饭5分钟、排队两小时，完全不顾及男友的辛苦。再比如，她自己是那种十指不沾阳春水的人，男友出去买菜不小心把她常吃的胡萝卜买成了非有机的时，她会发火半小时。

我们这个小圈子都知道她作，但架不住她有一位愿意把她宠上天的男朋友，我们也不必多言。可即便这位男友算得上是当今世上稀有的"三从四德"型完美男友，当挚友因为自己的错误和同事发生冲突，男友第一时间送上的不是安抚和一起谩骂，而是分析道理时，我们这群人情不自禁就把曾经的完美男友视作人民公害，共同讨伐。

明明是女友的错，明明男友没做错什么，明明女友那么作，明明男友那么棒，但到了女生这里，是非对错根本就不重要，因为在女生的爱情观里，当我们有情绪时，是非可以打折，逻辑可以转弯。无限宠溺、盲目支持即正义！

先别着急教育我们，追求如此"荒唐"之事，我们是有自己的原因的。

首先，女生喜欢聪明的男生，但绝对不会喜欢自以为聪明的男生，很不幸，好多男生在爱情里都是后者。

你高学历，我学历也不低；你在大城市拼搏，我也是北上广奋斗的一员；你是上进好青年，我也是追求进步的人才；我们在学识、见识、经历等很多方面都不相上下，你为什么觉得你讲的那些大道理我就不知道呢？

女生从来都不是不知道那些道理，只是不想在当下面对，因为我们更喜欢把情绪发泄出来，而不是像大部分男生那样憋成内伤。我们的反省和理性是的在情绪恢复之后，所以先让我们吼出来很重要。

两性关系中的很多争吵往往发端于男女看问题的角度不同。男性更喜欢从公平的角度去审视一件事，而女性倾向于从个人喜好去看待人和事。所以建议那些喜欢一上来就讲道理的男同胞们，下次开口阻止另一半发飙前，不妨在脑海里想想如果你升迁被人顶了是什么滋味，然后带着这样的心情去换位思考，你就能更好地理解为什么你的另一半那么"无理取闹"和毒舌了。

除了自以为是的聪明外，还有一个很重要的原因是，大部分人都喜欢倾诉多于倾听，女生更不例外。

为什么这个社会每本成功励志书里都在告诉大家倾听的重要性，如何做一个好的倾听者？因为喜欢诉说的人太多，听众却太少。更别说当一个人情绪失控时，他的耳朵一定是"聋"的。所以，女生听不进去那些所谓的道理只是遵从了人类的本性。

所以，男人啊，请不要秀智商、秀口才了，带着耳朵好好听另一半抱怨，陪她一起把情绪发泄出来才是重点。女生希望获得另一半盲目的支持，就像男生希望自己无论多低潮，另一半都能不离不弃一样。如果这个时候另一半跳出来，给沮丧的你讲一堂如何迅速让自己振作起来，如何迅速发家致富的课程，你应该不会觉得她有多善解人意吧。

什么是灵魂伴侣？就是身边的那个人刚好懂得什么是共情。当然，对于女生而言，宠溺值得有，但也应该是有底线的，毕竟我们是理性的人类，不是别人养来逗乐的宠物。

在我看来，被宠溺的底线应该有两方面：

首先，在广度上，大的原则和三观不能出错。一些普世价值的东西我们还是要遵守的。比如，你不能触犯了法律还埋怨男友不帮你背锅，这个时候早早投案自首，争取宽大处理才是最好的出路；比如，要懂得投桃报李去回馈另一半的宠爱，用他喜欢的以及你能接受的方式；再比如，不要轻易去试探人性的底线和随意伤害另一半在乎的人与事。

其次，在长度上，宠溺应该是有时间限度的。作为同类，我也实在讨厌那种不依不饶的女生。你生气、不爽、受委屈，男友当然有责任哄你、逗你，但也请见好就收、适可而止。且不说对方是否会觉得疲倦，自己不放过自己，难道不会觉得累吗？

女生从幼稚变成熟的最大一项进步就是自我修复功能变强，否则总是依靠别人去治愈自己，那是婴儿才有的行为。在这方面不妨彼此做个约定。比如，任何事即便是你的错，先让另一半担待着你、宠你、劝你、逗你、哄你、向你认错都可以，但时间不要超过20分钟或次数不要超过3次。如果超过约定的次数你还没有恢复理性，就不能再要求另一半对你盲从下去。

具体数字彼此可以商量，一旦形成约定，就要好好遵守。这个方法的好用之处在于，设置了底线，又给了空间。

总之，两个人最舒服的相处就是：不用理性去对待对方，但彼此又都有理性保留给对方。

前任的婚礼要不要参加

前任即祸害，因为你不知道他在哪个时刻会突然给你平静的生活掀起一次波澜，让你原本岁月静好的内心瞬间堵得慌。

当然，最近被堵得慌的是我的读者朋友小梵，她留言向我"求救"，她的前男友要结婚了，发来请帖邀请她去参加婚礼。两年前他们分手，都是异地惹的祸。分手的结局不太完美，当时前男友盛怒之下还把她推倒在地。虽然事后男的一直道歉还买了礼物赔罪，但这件事终归让小梵对过去那个斯斯文文的男友有了不一样的看法。

分手后的这两年两人依旧在不同的城市各自生活，全部的交集就是过年时彼此发条群发短信相互问候一下，除此之外再无其他。小梵不知道已经几乎算是陌生人的前男友为什么会邀请她参加婚礼。摸着自己的良心说，她是不想去的，毕竟已经没感情了，还要舟车劳顿跑去另一座城市，没那必要。可是不去，或者就算是礼到人不到，她又觉得对方也许会认为她小气、还没有对那份感情释怀。已经纠结了3天的小梵依旧没有下定决心。

如何看待前任？我一直秉持着分手即陌路这个原则。倒不是我曾经深受前任毒害，所以藏了一肚子仇恨。大家都是俗套般地相恋又分手，我自认脸皮还算不薄，内心也算强大，所以早对前任斩断了那些九曲回肠的心思。之所以抱有这种"决绝"的态度，是因为我喜欢一切纯粹的关系。比如，父母就是要亲生的，不要再让我几十年后恍然大悟，然后历尽艰辛地去寻父找母；朋友就是要三观合拍谈得来的，不要点过几次头，说过几次"hello"就能称兄道弟；爱人就是要你情我愿不离不弃的，不要各怀鬼胎、有各种所谓的身不由己；同事就是要在商言商、有利而聚的，不要附加情怀和道德绑架。

基于这些观念，加上前任与生俱来的复杂性和蛊惑性，我喜欢用前任即陌路这种简单粗暴的方式来看待此种关系。无论如何，我是一定不会跑去参加一位陌生人的婚礼的。原因有三：

第一，无论你曾是多好的现任，都恕我无法祝福已变为前任的你。

　　说我小心眼儿也好，说我三观扭曲也罢，婚礼是一个需要祝福的活动，我又不是圣母，为什么要去祝福一位陌生人呢？

　　能成为彼此的前任，无非是经历了他找你分手，你找他分手，你俩相互想分手这三种情况。他找你分手，理由归纳起来不外乎这么几条：要么是有了新欢；要么是觉得你不够适合；要么是因为各种客观条件干扰爱不下去了。一个当初觉得我不够好、不够值得去爱，没有勇气牵手共度余生的人，我为什么要去祝福他呢？你找他分手，更一目了然了，当初就没看上他，现在跑去凑热闹是为了看他进化的效果吗？至于你俩都想分手那就更没必要见了，当初都看彼此不顺眼，何苦现在还要多看两眼对方呢？

　　所以，即便当初爱得死去活来，分手哭得难舍难分，彼此有情有义都好聚好散，一个事实是：没有血缘关系的两个人，当曾经维系你们在一起的爱情消失了，对彼此最大的尊重就是各自重回正轨，互不打扰。

　　就像那句流传很广的话：谢谢你曾给我笑容和泪水，我对你有过深情爱意和满心祝福，只是它们都属于过去那个时空。至于现在我的祝福，它是留给现在我爱的人和爱我的人的，实在没有余额供他人消费。

　　第二，如果去，我该如何和你打招呼。

　　拜伦曾说过这样一句话："若我会见到你，事隔经年。我如何和你招呼，以眼泪，以沉默。"真是被各种以爱之名的深情款款之徒用到烂了。大家言情影视剧看多了，重逢的画面都是感人不已、催人泪下。而真实的画风是，当你隔了好多年再见到前任时，首先一定不是"以眼泪、以沉默"，而是"以惊吓"居多——这么多年不见，你怎么变得这么肥了？这么多年不见，你怎么谢顶了？这么多年不见，你脸上怎么有这么多褶子？

　　相逢总是不痛不痒、出乎意料，未必有我们想的惊心动魄、尽如人意。

　　你出席了前任的婚礼，较着劲儿把自己打扮得光鲜亮丽。到现场才发现他们才是天作之合，是全场的主角，曾经对你写满深情和爱意的双眼，此时正一刻不离地盯着他牵手的那个人。而你精心营造的那点光芒，在这个场合因为不合时宜而显得如此多余。

　　你出席了前任的婚礼，以为往事随风，自己早已心若磐石、不掀波澜。当你看着他们紧张却又执着地念着誓词，为彼此戴上婚戒，然后拥抱、亲吻时，你难免动容，想到曾经他也和你说过类似的情话；你们也买过便宜的对戒戴在彼此手上期待一生一世；那个怀抱也曾温暖、安慰过你；那张温润的唇曾因为第一次吻你而颤抖不止，让你回味许久。为什么现在站在台上的不是你们？

你出席了前任的婚礼，以为会有一些情愫和滋味萦绕在心头。感人的《结婚进行曲》响起，做成心形的鲜花散发着幽香，新人眼中的那个他熠熠生辉。看到他们执子之手时，好多人情不自禁地流下了眼泪。只有你，对这一切无动于衷。你以为会有什么，却只有无感和冷眼。参加个婚礼搞得不喜不悲，犹如遁入空门，自己这是干吗来了。

所以，无论你盘算着用什么样的心态，戴什么样的面具去参加前任婚礼，现实一定会让你与自己预期的表现产生差距。不见倒好，省得折腾自己那份平常心了。

第三，亲爱的现任，你现在还好吗？

如果告诉现任，我要去参加前任的婚礼，他是否会介意呢？他的答案若是豁达的"不介意，你去吧"，那我真想当下把他变成前任。什么是现任？现任就是对很多人、很多事都可以不在乎、不计较，但对必须是我的情感的旁枝末节小肚鸡肠、斤斤计较的那个人。现任必须介意你与前任的一切关联这才正常。反过来，你为什么一定要和前任变成老友、变成纯洁的男女朋友，又不是没有其他人可以做朋友了。所以，在你纠结要不要去参加前任的婚礼时，最先考虑的应该是现任的感受。

至于前任的现任，你是不是也该捎带着顾及一下对方见到你的感受？虽然从某种意义上来说你们算是陌生人，但即便不祝福对方，也不该随便给陌生人添堵吧。我之前参加过同事的一次婚礼，男方不知出于何意，居然没提前打招呼就请了两位前任到场。虽然我同事和她们之前没有过交集，但从社交媒体、前任手机的照片里都知道彼此的存在。敬酒时，那场面冷得好像婚礼办在了南极。都说三个女人一台戏，只是她们演的是一场哑剧。仨人相见耳面赤红，言不由衷地祝福着、微笑着。敬完酒后，我同事直接被气哭了，有种被自己老公羞辱的感觉。办场婚礼本来就又累又堵，现在差点恨不得立马把结婚仪式变成离婚仪式。

仓央嘉措曾说过："第一最好是不相见，如此便可不至相恋。第二最好是不相知，如此便可不用相思。"不管你对前任是余情未了还是死灰寂寂，一别两宽，各生欢喜，应该是你们对彼此最有分寸的祝福了。